# 生态环境治理体制研究：
## 资本市场、政府补助与环境成本

胡栩铭 ◦ 著

**图书在版编目(CIP)数据**

生态环境治理体制研究:资本市场、政府补助与环境成本/胡栩铭著.—成都:西南财经大学出版社,2023.11
ISBN 978-7-5504-5966-3

Ⅰ.①生… Ⅱ.①胡… Ⅲ.①生态环境—环境综合整治—研究—中国 Ⅳ.①X321.2

中国国家版本馆 CIP 数据核字(2023)第 208037 号

**生态环境治理体制研究:资本市场、政府补助与环境成本**

SHENGTAI HUANJING ZHILI TIZHI YANJIU:ZIBEN SHICHANG,
ZHENGFU BUZHU YU HUANJING CHENGBEN

胡栩铭 著

责任编辑:李 才
责任校对:周晓琬
封面设计:何东琳设计工作室
责任印制:朱曼丽

| | |
|---|---|
| 出版发行 | 西南财经大学出版社(四川省成都市光华村街 55 号) |
| 网 址 | http://cbs.swufe.edu.cn |
| 电子邮件 | bookcj@swufe.edu.cn |
| 邮政编码 | 610074 |
| 电 话 | 028-87353785 |
| 照 排 | 四川胜翔数码印务设计有限公司 |
| 印 刷 | 四川煤田地质制图印务有限责任公司 |
| 成品尺寸 | 170mm×240mm |
| 印 张 | 13.75 |
| 字 数 | 189 千字 |
| 版 次 | 2023 年 11 月第 1 版 |
| 印 次 | 2023 年 11 月第 1 次印刷 |
| 书 号 | ISBN 978-7-5504-5966-3 |
| 定 价 | 78.00 元 |

# 前　言

生态文明建设的关键点在于探索构建行之有效的生态环境监管体制，力求规范企业污染行为并监督地方治理主体，消除环境成本套利空间，纠正环境管制俘获现象。生态环境具有明显的公共物品属性，要处理因企业理性经济人特性而产生的公共问题，只能通过制度变革、监管创新等措施改变企业环境行为动机，从而维护生态环境。2015 年中国的生态文明建设开始迈入实质问责阶段，生态监管和环保执法体系得到重构。至 2017 年底完成了历时两年的首轮中央生态环境保护督察，督察组总计交办群众环境问题 104 541 件，责令整改 82 843 家企业，立案处罚 28 572 家，拘留 1 527 人，约谈 18 419 人，问责 18 040 人，引发国内外广泛关注。带有政治问责的高压执法使得环保问题成为上市公司必须重视的重要风险因素。以政治问责消除环境成本套利空间，在实践中对企业提升环境治理质量是否切实有效？企业缺乏主动性，以罚代管之外还应如何打破环境困局？从环境成本偏好角度能否引导企业主动进行环境治理？

本书基于中央环保督察组 2015—2018 年对全国 31 个省（区、市）开展的为期四年的首轮巡视督察，试图探讨被督察地区上市公司受到中央政治压力与环境规制的双重影响，通过观察在此影响下公司的市场反应现象、政治联系动机、环境成本行为变化，探索生态环境治理体制的效用路径，最后进行理论推演并给出对策建议。具体说明如下：

第一，本书通过检验中央环保督察对环境违规信息在资本市场的有效性的影响，分析生态环境治理体制变革下环境管制俘获失效的现象。研究发现：①中央环保督察在资本市场发挥了有效作用，公司所在地区经历中央环保督察前发生的环境违规事件对公司市值没有显著影响，而在经历中央环保督察后公告的环境违规事件会使公司异常收益率显著降低。②中央环保督察中环境规制力度越强、受到中央政治压力越大的地区，环境违规信息对公司累计异常收益率产生的负面影响越大。③以往政商关系对企业环境问题的市场保护作用会受到中央环保督察下中央政治压力的冲击。

第二，本书讨论了中央环保督察对政商关系转型的影响，从政治资源角度分析如何纠正环境管制俘获，并进一步分析其影响因素。研究发现：①地方政府在经历中央环保督察后发放政府补助时会更加谨慎，尤其会减少软约束性补助，但不会减少对公司环保创新的扶持。②中央环保督察的中央政治压力与其间环境规制执行力度均会对企业政治资源获取产生负面影响。③进一步地，企业政治联系中原生产权性质与聘用具有政治背景的高管对中央环保督察效力的影响存在差异。相对于非国有企业，国有企业会避免一定的中央环保督察影响。而因聘用具有政治背景的高管而获得的政治联系在中央环保督察下却难以保持。④地方对企业的高度财政依赖会抵消中央环保督察效力，但在面对中央政治压力时地方财政影响无效。⑤对污染治理投资结构优劣不同的地区，中央环保督察的作用存在着显著差异。相比污染治理投资结构好的地区，在污染治理投资结构不好的地区企业获得的政府补助在中央环保督察之后会显著减少。

第三，本书从环境成本行为角度探讨了中央环保督察对企业经济后果的影响，并将环境成本分为次级环境成本以及可持续环境成本分别展开分析。其中对次级环境成本的研究发现：①中央环保督察与企业次级环境成本呈现显著正相关关系，表明中央环保督察会显著增加企业的环保罚款、环保税、排污费、污染治理支出等费用化环境成本。②在中央环保督察中环境规制力度与地方受到的中央政治压力越大，越能促进当地企业增加次级环境成本，两者均呈现正向显著影响。③地区的环境治理保障水平越高，中央环保督察对当地上市公司的次级环境成本影响越大。④在面对中央环保督察时，相比聘请具有政治背景的高管的企业，没有聘请具有政治背景的高管的企业的次级环境成本增加更多。环境管制强度对企业次级环境成本的影响在是否具有政治背景的高管的两组样本间存在显著性差异。但中央政治压力对企业次级环境成本的影响在是否具有政治背景的高管的两组样本间不存在显著性差异。

第四，针对环境成本的正当性，本书还检验了中央环保督察对企业可持续环境成本的影响。企业对解决环境问题投入资源的方式在一定程度上代表了企业的环保态度，也代表了企业选择的发展路径，不仅要求对资源的投入“量”足，更要求对资源的使用“效”高。研究结果表明：①中央环保督察与企业可持续环保投入呈显著正相关关系，使企业加大了在环保技术开发、升级改善生产设备等方面的投入。②在中央环保督察中环境规制力度与地方受到的中央政治压力越大，越能促进当地企业增加可持续环境成本，两者均产生正向显著影响。③聘请了具有政治背景的高管的企业在中央环保督察的影响下可持续环境成本增加更多，在中央政治压力与环境管制强度的影响下可持续环境成本也存在高管政治背景的组间差异。

中央环保督察对企业环境成本的优化在于，增加了企业环境投入的总量并且在一定程度上改善了环境成本结构。即使接受中央环保督察后，企业的两类环境成本均有显著增加，但从总量来看，次级环境成本的投入总金额也明显小于可持续环境成本。从历年变化幅度来看，可持续环境成本在 2016 年后增长趋势明显，而次级环境成本在样本期间内的变化幅度相对来说并不明显。这表明中央环保督察不仅使企业的两类成本都明显增加，还会使企业更加注重可持续环境成本的投入、环境成本结构的优化。此外，企业的高管是否具有政治背景，在中央环保督察对次级环境成本与可持续环境成本的影响中表现出极大的差异性。企业高管的政治背景能够为企业减少一部分次级环境成本，但同时也会使企业投入更多可持续环境成本。

本书对生态环境治理的理论与实践可能具有一定的创新性和借鉴性：

（1）拓展了我国环境规制相关研究，打通了行政问责与环境规制两个研究领域。以往的问责文献主要关注宏观的行政问责制度路径设计或政府责任审计，而环境规制文献则分别讨论企业创新、绩效、环保投资（唐国平 等，2013）、违法成本以及外部约束等变量，只有少数研究对生态问责制度进行了讨论。区别于以往研究，本书除了检验中央环保督察总体影响，还讨论了环保督察中政治压力与执法强度的影响，为学术界提供了中国特色背景下的政治与环境治理研究证据。

（2）验证了政治风险与制度执行力是使环境信息在中国资本市场有效的有利因素。以往的文献尽管研究了环境规制下市场的各种反应，比如立法、加大处罚力度、政府补助、增强投资者环保意识、媒体监督等，但是忽视了非常关键的因素，即制度的执行力。本书对中国建立的中央环保督察制度如何改变以往研究中环境信息对中国资本市场无效的状况提供了实证。

（3）给出了中国政治管理体系能够自我约束、提升治理能力的新证据。本书发现中央环保督察并不是绝对抑制财政补贴，而是仅减少软约束补助的任意发放，并没有减弱对企业环保创新的扶持。这表明我国政府能够进行制度创新建设，协同提升生态与经济治理能力，进行自我约束。

（4）讨论了环境成本的“正当性”，补充了环境成本研究范式。以往关注环境负外部性以及成本量化的研究似乎认为环境成本总量越大越好，期望利用高额成本迫使企业减少污染。区别于单一类别环境成本研究，本书通过对环境成本的即期作用与未来效用归纳定义次级环境成本与可持续环境成本，讨论了中央政治压力与环境规制强度对企业环境成本偏好的影响，有助于政策制定者理解企业环境成本决策的动机，并从成本质量和效用角度为日后的政策制定提供更好的参考。

（5）通过对中央环保督察对企业市场风险、政治资源、环境成本的影响的研究，验证了中央环保督察微观落实的基础。追责官员、处罚企业为已产生的严重污染付费只是手段而非目的，中央环保督察的核心作用在于推进国家宏观制度与企业微观运作的连接，从而规范政府与企业未来的行为。本书认为中央环保督察是中国生态文明建设的重要制度探索，通过优化资源配置流向，引导企业发展方向，使政治治理与环境治理耦合从而提升政府治理能力，实现高质量的可持续发展。

胡栩铭

2023 年 6 月

# 目　录

# 第一章 绪论

本书基于生态环境治理体制的变革，以中央环保督察组开展的首轮巡视督察为对象，试图探讨被督察地区上市公司如何受中央政治压力与环境规制的双重影响，通过观察在此影响下公司的市场反应、环境成本管理行为变化以及政府补助，探索生态环境治理体制的效用路径。本章乃全书的概述，主要介绍了本书的研究问题、研究内容、研究方法与研究贡献。

## 第一节 研究问题

### 一、社会背景

党的十八大以来生态文明理论、实践、制度创新得到大力发展。生态文明建设的关键在于探索行之有效的生态环境监管体制，力求规范企业排污行为并监督地方治理主体。生态问责制度建立之前，我国一些企业在环境问题方面总是屡罚屡犯。无论环境规制多严格，地方也能“上有政策，下有对策”，环境保护的顶层设计难以得到贯彻与落实。2015 年中国的生态文明建设开始迈入实质问责阶段①，生态监管和环保执法体系得到重构。

① 2015 年 8 月，中共中央办公厅、国务院办公厅印发《党政领导干部生态环境损害责任追究办法（试行）》（以下简称《办法》）。《办法》自 2015 年 8 月 9 日起施行，用以强化党政领导干部对自然资源和生态环境保护的责任，并对责任追究做出了制度性安排。

2017年底完成了历时两年的首轮中央生态环境保护督察，督察组总计交办群众环境问题104 541件，责令整改82 843家企业，立案处罚28 572家，拘留1 527人，约谈18 419人，问责18 040人，引发国内外广泛关注。至2020年，“十三五”规划纲要所确定的九项生态环境约束性指标均实现超额完成。

中央环保督察以不同于以往普通环境规制的模式，作为政府推行生态文明战略的重要手段，成为各方利益主体关注的焦点。随着中央环保督察制度的逐步确立，地方政府与企业谋取不正当利益的空间被打破。本书构建了中央环保督察前后的环保政策执行框架，如图1-1、图1-2所示。

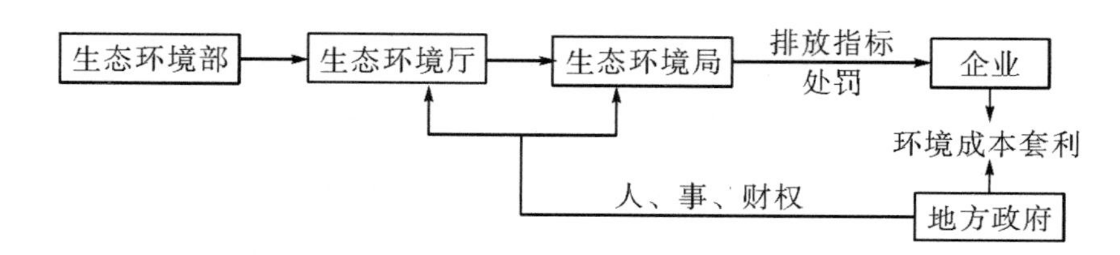


**图1-1　中央环保督察前环保政策执行框架**

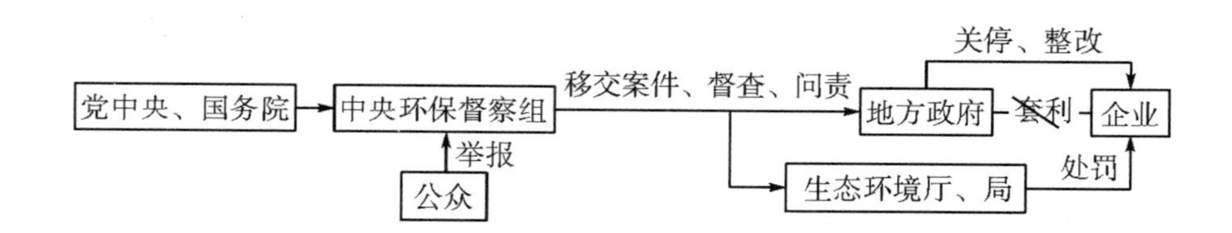


**图1-2　中央环保督察后环保政策执行框架**

在图1-1中，问责前的环保执行框架以生态环境部为核心，地方生态环境厅、局根据企业排放指标监测和控制企业环境污染，但该框架存在的突出矛盾在于其人、事、财权受制于地方政府，缺失独立性。地方政府可能会因为财政分权、金融开放、竞争等因素让环境规制失灵（傅强 等，2016），使得环保部门执法效果不佳。同时地方政府与企业在考虑经济利益的导向时对环境污染的控制不力，生态补偿不足，由此形成了环境成本套利空间。

在图 1-2 中，生态环境部不再是问责制度的核心，中央环保督察体系下中央环保督察组依据地区综合环境质量直接向地方政府追责，直接影响地方政府官员政治生涯，有效地挤压环境成本套利空间。

带有政治问责的高压执法使得环保问题成为上市公司必须重视的重要风险因素。以政治问责打破环境成本套利空间，在实践中对企业提升环境治理质量是否切实有效？根据中央巡视报告反馈，“避重就轻，敷衍整改”现象依然存在，企业缺乏主动性，以罚代管之外还应如何打破环境困局？从环境成本偏好角度能否引导企业主动实施环境治理？这是本书稍后会探讨的问题。

## 二、企业现象

中央环保督察后企业的环保行为确实发生了变化。行政处罚金额对上市公司业绩的影响或许微乎其微，但其引发的后续效应却十分严重，并且由此造成的股价下跌局势在短时期内并不能改变（王依 等，2018）。2018 年两家上市公司——亚邦股份和辉丰股份因环保违规首次被实施“ST”。那么，中央环保督察对公司的环保投入会产生什么影响？笔者查阅上述两家公司 2017 年年报、2018 年半年报并摘取部分环保投入关键事项予以说明（见表 1-1）。

**表 1-1　ST 亚邦与 ST 辉丰财务报告中有关环保投入事项案例**

| 项目 | 事项摘要 | 分析 |
| --- | --- | --- |
| 行政处罚 | 因擅自变更工艺，未重新报批环评文件等事项，合计罚款人民币 450 万元，责令停止生产、使用相关产品及设施（灌环罚〔2018〕33 号） | 除了罚款，停产整改才是使企业业绩大幅下降的原因 |
|  | 因炉外脱硫治理设施未运行等事项，合计罚款人民币 148 万元，要求未经环保验收不得生产（盐环罚字〔2018〕7 号） |  |
| 环保税 | 本期增加环保税税目所致税金及附加增加 6 785 490. 28元，比上期增长 60. 13% | 污染付费 |

表1-1(续)

| 项目 | 事项摘要 | 分析 |
|---|---|---|
| 在建工程 | 辉丰 2018 年半年报：环保整改工程本期增加 23 561 529.54元 | 企业部分技术改造、环保工程上马可以得到一定的政府补助 |
| 政府补助 | 亚邦 2018 年半年报：因子公司“江苏华尔”环保处理等工程和子公司亚邦供热公司热电联产项目，本期增加 74 096 908.13 元 | |
| | 能源节约重点工程循环经济、资源节约重大示范项目及重点工业污染治理工程——连云港化工产业园区集中供热工程增加 7 500 000 元 | |
| | 大丰环保局大气污染防治金 180 000 元 | |
| 计提减值准备 | 子公司收到灌南县环境保护局《行政处罚决定书》（灌环关〔2018〕3 号），被责令关闭。基于谨慎性原则决定子公司长期股权投资计提减值准备 100 396 188.22 元 | 存在盈余管理空间 |
| | 收到江苏省环境保护厅《行政处罚决定书》（苏环罚〔2018〕9 号）。决定书要求公司拆除新上高浓 COD 废水制水煤浆焚烧副产蒸汽项目，公司计提减值准备 69 020 075.71 元 | |
| 预计负债<br>预提费用 | 公司目前正在就损害赔偿及环境修复情况与相关部门及专业环境修复机构进行沟通洽谈中，综合各方面意见制定了预算，母公司损害赔偿及环境修复费用预计 71 922 764.06 元，子公司环境修复预计 93 654 850.76 元 | 存在盈余管理空间。被审计报告列为强调事项 |
| | 生态环境部网站发布《生态环境部通报盐城市辉丰公司严重环境污染及当地中央环保督察整改不力问题专项督察情况》。公司已着手进行环保整改，并将开展排查和生态环境损害鉴定评估及修复工作，为此预提相关费用 1 130.55 万元 | |

由表 1-1 中可以明显观察到，上市公司受到了严格的处罚：部分子公司被关停；新增多项环保相关支出，如缴纳环保税费、更新设备等；此外还计提大量减值准备。公司的日常经营活动以及市场价值受到了极大影响。

环境成本会计研究领域有两个重要研究方向：一是验证环境与经济双赢的可持续发展模式（Burnett et al.，2008），二是提供环境成本的计量

(Joshi et al., 2001)。被问责后亚邦与辉丰公司[①]积极开展相关环境治理，其环境信息披露明显增多，环保投入最终反映在财务报告的不同科目中。经典文献中没有考虑到的是，公司不同类别的环境投入偏好对企业经营的影响存在区别吗？同时我们发现这些公司存在大额主观预提环境治理费用，问责事件会给企业带来盈余管理空间吗？

### 三、根本原因

丽丝（2002）曾指出所有环境问题本质上都源于生态环境中资源利益随时间和空间的变化在各主体之间分配方式的冲突。在固化利益结构中进行环境成本追踪的会计分类研究缺乏实际意义。界定各利益主体的权、责、利的同时设定相应补偿机制是学者们的共识。

政治控制与社会利益结构之间存在着相互作用、相互制约和相互决定的耦合关系（李程伟，2009）。政企合谋会导致处罚不力和监管放松，减弱环境规制对企业生产率的作用（王彦皓，2017），还会导致企业环境成本管控不力从而超标排污（徐博韬 等，2014），中央政府应当加大对环保管理的管控力度。余敏江（2011）认为应引入“绿色 GDP”绩效评价指标体系，科学划分事权、财权。黄斌欢等（2015）则建议重构国家权力系统，进而规制国家权力的谋利取向与自律性市场的逐利本性。地方政府应健全生态财政制度，推动民主决策在生态保护中的运用，并完善公众参与制度（唐林霞，2015）。刘儒晒等（2017）认为地方政府的环境治理责任还可以采取领导干部自然资源资产离任审计制度来强化。

确定生态结构、利益结构、成本结构、绩效结构的内在配比才是使中央环保督察有效的基本逻辑。在多重利益矛盾下，中央环保督察需要打破原有的利益结构，使企业绿色生产，使监管者各司其职。

---

① 经过整改，ST 亚邦已于 2018 年 11 月 7 日撤销公司股票“其他风险提示”，公司股票名称变更为亚邦股份；ST 辉丰也已于 2019 年 2 月 11 日摘帽，公司股票名称变更为辉丰股份。

## 第二节　基本概念界定

（一）中央环保督察

“中央环境保护督察”（2018 年 8 月“中央环境保护督察”改名为“中央生态环境保护督察”，本书均简称“中央环保督察”），指代自 2015 年 7 月中央全面深化改革领导小组第十四次会议审议通过《环境保护督察方案（试行）》起，由国务院、生态环境部、中组部、中纪委等联合设立的中央环境保护督察组（首轮共 8 个小组分批赴各省、区、市入驻督察）开展的中央环境保护督察专项行动。2019 年 6 月经实践后修订，中共中央办公厅、国务院办公厅正式印发《中央生态环境保护督察工作规定》，规定成立中央生态环境保护督察工作领导小组，该小组负责开展中央生态环境保护督察工作。

（二）生态问责

本书所提“生态问责”的含义等同于“中央环保督察”。由于生态问责是中央环保督察行动的核心特征，能够更贴切地揭示环保督察行动的特质，中央环保督察早期开展的众多官方媒体报道也多次使用“生态问责”一词来对其进行描述，并指出生态问责是生态文明建设的重要抓手。

生态问责的特征表现为，在查处污染源企业主体外，对党政领导干部也需要基于生态管理结果进行责任追究：及时约谈生态文明建设过程中工作推进不力的人员；严厉追究盲目决策、造成生态环境恶化的有关领导人员的责任；依法依纪惩处失职渎职、监管不力的有关人员。

（三）环境成本

本书研究的环境成本为扩展后的广义环境成本。具体而言，本书所指的环境成本不仅包含传统意义上计入损益类科目的与环境保护相关的成本费用类支出（如“管理费用”中的“排污费”、“营业税金及附加”中的

“环境保护税”、“营业外支出”中的“环保罚款”等，本书将此类即时性成本定义为“次级环境成本”），还包含计入资产类科目的与环境保护相关的支出（如“开发支出”中为环保技术投入的成本、“在建工程”中对生产设备进行环保改造而投入的成本，这类成本在部分研究中有时被称为环保投资成本，但从“费用说”角度出发，这类投入亦是企业为维护环境、降低污染而付出的成本，本书将此类作用于未来的长期性成本定义为“可持续环境成本”）。

## 第三节　研究内容

本书主要探讨中央环保督察背景下被督察地区企业受到中央政治压力与环境规制的双重影响，通过观察在此影响下企业的市场反应、政商关系、环保投入变化探索生态环境治理体制的微观效用路径，最后进行理论推演并给出对策建议。图 1-3 显示了本研究的逻辑推导过程。

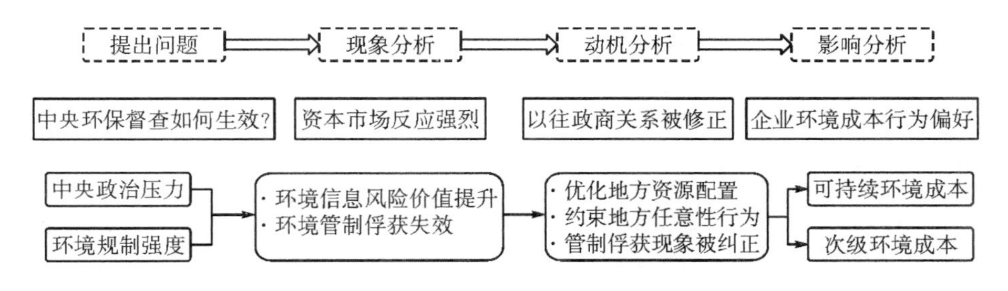


**图 1-3　研究问题逻辑**

具体而言，本书主要从以下四个方面着手：

1. 中央环保督察下资本市场对环境信息风险的反应

本书讨论了中央环保督察对环境违规信息在资本市场的有效性的影响。以往的文献尽管研究了环境规制下市场的各种反应，比如立法、加大处罚力度、政府补助、增强投资者环保意识、媒体监督等（陈开军 等，

2020；方颖 等，2018），但是忽视了非常关键的因素，即制度的执行力。本书对中国建立的中央环保督察制度如何改变以往研究中环境信息对中国资本市场无效的状况进行了实证。研究发现：

（1）中央环保督察使中国资本市场开始重视公司环境违规风险。以往大量研究基于2015年之前的样本数据，给出了环境信息在中国资本市场无效的结论。而自2015年起，中国开始逐步建立生态问责制度，并成立中央环保督察组对全国各省（区、市）开展督察巡视，以前所未有的重视程度和执行力改变了环境信息的风险含量，使环境信息由“非绝对价值相关信息”变为“绝对价值相关信息”。本书通过事件研究与计量分析发现中央环保督察在资本市场发挥了有效作用：经历中央环保督察前，公司发生的环境违规事件对公司市值没有显著影响；而经历中央环保督察后公告的环境违规事件，会使公司异常收益率显著降低。

（2）中央环保督察具备双重特性，通过执行环境规制与施加中央政治压力发挥效用。在中央环保督察的过程中，不仅依据法律法规对企业环境违规行为进行规制，更重要的是通过施加中央政治压力加强地方政府进行环境管理的执行力。研究结果表明：中央环保督察中环境规制力度越大、受到中央政治压力越大的地区，环境违规信息对公司累计异常收益率产生的负面影响越大。

（3）中央环保督察让环境管制俘获现象得到纠正。以往政商关系对企业环境问题具有“保护作用”，使企业发生环境违规行为时不会受到实质性的市场惩罚，与地方政府共享环境成本利益。本书检验结果表明这种对于环境的管制俘获会受到中央环保督察下中央政治压力的冲击。

2. 中央环保督察对政商关系的影响研究

本书检验了中央环保督察下政治压力与执法强度对政商关系的影响，并进一步分析其影响因素。将政府补助作为研究中央环保督察下的政商关系变化的切入点，原因在于企业所享有的财政福利、优惠补贴始终是建立政治联系、达成隐性契约的最直接结果（余明桂 等，2010）。中央环保督察下政商关系是否会被削弱，代表了中央环保督察后企业与地方政府是否会谨慎对待利益结构中的环境问题。因此问责期间政商关系的转变直接反映了中国特有背景下中央环保督察从中央到地方政府再到企业的传导有效性，而政府补助资源配置的变化则体现了政府治理重心的改变。研究结果表明：

（1）中央环保督察组进驻后，当地企业获得的政府补助显著减少。这意味着中央环保督察会削弱地方以往建立的政商关系，地方政府在发放政府补助时会更加谨慎。具体到中央环保督察的细分特征上，中央环保督察为地方政府带来的政治压力对企业获得政府补助的影响要强于中央环保督察中环境规制强度的影响。而具体到政府补助的细分性质上，中央环保督察会使地方政府发放的软约束类补助显著减少，对硬约束类的补助没有显著影响；同时对减少除环保创新用途以外的补助的作用显著。

（2）企业政治联系中由产权性质带来的原生政治基础会影响中央环保督察效力，国有企业能够避免中央环保督察对政府补助的影响，而非国有企业则不能。企业在中央环保督察中更容易失去因聘用具备政治背景的高管而建立政治联系所获得的财政补贴。

（3）地方政府对企业的财税依赖度越高，企业越能抵消中央环保督察对政商关系的削弱；而财税贡献小的企业则不能。但在中央政治压力下企业的高财税贡献率并不能完全避免中央环保督察的影响。

（4）地区污染治理投资结构的好坏也影响着中央环保督察对政商关系的作用，对污染治理投资结构相对非优的地区的政商关系的影响较大，企业获得的政府补助显著减少，对政府资源的调整能够减少工业污染治理投资被挤占的现象，体现了中央环保督察提升政府补助使用效率、调整地方资源配置的作用。

3. 中央环保督察对企业次级环境成本的影响研究

本书探讨了中央环保督察对企业环境行为的影响。研究企业环境行为的核心在于观察企业资源的最终流向。企业对环境问题投入资源的方式一定程度上代表了企业的环保态度，也代表了企业选择的发展路径。生态文明建设要求企业妥善解决生态问题，不仅要求对资源的投入“量”足，更要求对资源的使用“效”高。在观察企业针对环境问题投入的资源时，应当考虑其目的性以及长期效应，因此本书认为环境成本可以大致划分为偏向污染付费原则的“次级环境成本”，以及偏向预防治理原则的“可持续环境成本”。本部分针对中央环保督察对企业的次级环境成本可能产生的影响进行研究。研究发现：

（1）中央环保督察与企业次级环境成本呈显著正相关关系，表明中央环保督察会显著增加企业的环保罚款、环保税、排污费、污染治理支出等费用化类环境成本。

（2）在中央环保督察中环境规制力度与地方受到的中央政治压力越大，越能促进当地企业增加次级环境成本。

（3）地区的环境治理保障水平越高，中央环保督察对当地上市公司的次级环境成本影响越大。

（4）在面对中央环保督察时，相比聘请具有政治背景的高管的企业，没有聘请具有政治背景的高管的企业的次级环境成本增加更多。环境管制强度对企业次级环境成本的影响，在是否具有政治背景的高管的两组样本间存在显著性差异。但中央政治压力对企业次级环境成本的影响，在是否具有政治背景的高管的两组样本间不存在显著性差异。

4. 中央环保督察对企业可持续环境成本的影响研究

本书还探讨了中央环保督察对企业可持续环境成本的影响。生态保护应该从污染发生的起点做起，关注企业生产的全过程。因此提高生产技术、改进生产流程才是企业环保投入应有的高效使用方式。研究结果发现：

（1）中央环保督察与企业可持续环境成本呈显著正相关关系，使企业加大了对环保技术开发、升级改进生产设备等方面的投入。

（2）在中央环保督察中环境规制力度与地方受到的中央政治压力越大，越能促进当地企业增加可持续环境成本。

（3）聘请了具有政治背景的高管的企业在中央环保督察的影响下可持续环境成本增加更多，在中央政治压力与环境管制强度的影响下可持续环境成本也存在高管政治背景的组间差异。

## 第四节　研究方法与技术路线

本书主要通过实证研究对生态环境治理体制的微观效用路径进行探讨，分析在中央环保督察下的企业资本市场反应、政商关系变化与企业环境投入偏好。图1-4显示了本书的主要研究内容与技术路线。

首先进行文献分析，对国内外环境规制、行政问责、资本市场环境风险、政商关系、政府补助、环境成本管理等相关理论研究的成果进行了归纳与分析，把握相关研究的国际前沿动态与发展趋势，梳理出研究脉络，为本书提供理论基础与分析框架。其次进行比较研究，从制度设计、监管主体、问责客体、企业影响、利益主体等方面，对中国的环境规制与问责制度进行比较分析。对比不同类型成本对企业产生的不同影响，以及不同企业特征面对中央环保督察的反应差异。

在实证研究中，通过对样本进行观察、总结，基于理论分析与前期搭建的研究框架，对前期采集数据运用的计量方法进行检验，探究中央环保督察事件对企业行为产生的一系列影响，验证本书的主要观点。具体包括：采用事件研究法验证中央环保督察对企业资本市场环境风险的影响；由于各省（区、市）接受中央环保督察组入驻的时间不一致，因此采用多期双重差分法（Multiphase DID）分析中央环保督察对企业的政商关系与企业环境投入偏好的影响。

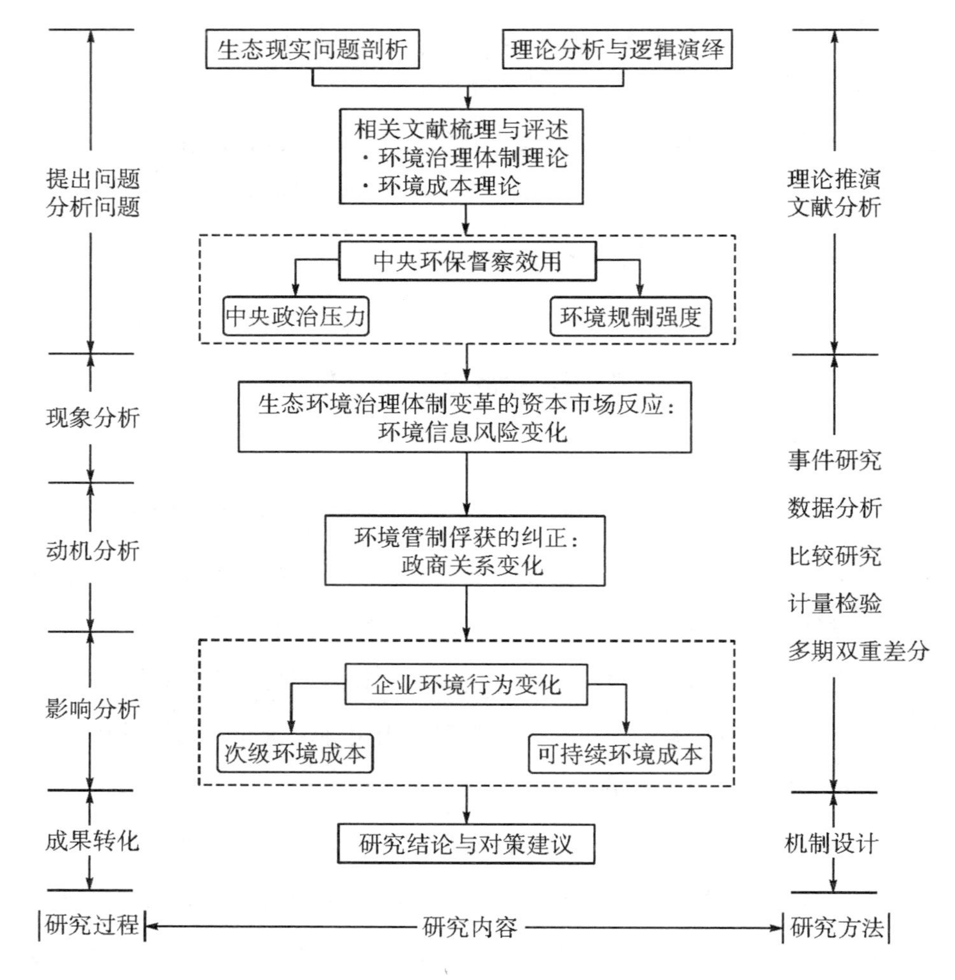


**图 1-4　研究内容与技术路线**

本书拟采用 2013—2018 年 A 股上市公司为样本，并依据上市公司行业分类结果与上市公司环保核查名录①综合考虑，剔除租赁和商务服务业、科学研究和技术服务业、批发和零售业、金融业、信息传输软件和信息技术服务业、文化体育和娱乐业。

① 生态环境部关于印发《上市公司环保核查行业分类管理名录》的通知。名录包括火电、钢铁、水泥、电解铝、煤炭、冶金、建材、采矿、化工、石化、制药、造纸、发酵、制糖、植物油加工、酿造、纺织、制革以及国家确定的其他污染严重的行业。

中央环保督察相关数据系对生态环境部官网第一轮中央环保督察组对各省、区、市的反馈报告整理所得。涉及的公司财务报表数据以及非财务数据源于 CSMAR 数据库和 RESSET 数据库。相关区域经济数据源于国家统计局网站，相关环境数据源于中国环境统计年鉴。地区经济数据来源于国家统计局网站。环境成本明细与分类系作者根据财务报表附注所披露的管理费用、在建工程等一级会计科目项目明细手工归集整理所得。

## 第五节　研究贡献

本书的研究贡献在于：

其一，给出了中国政治管理体系能够自我约束、改善治理能力的新证据。本书发现中央环保督察并非绝对抑制财政补贴，而是仅减少软约束补助的任意发放，并没有降低对企业环保创新的扶持。同时从进一步分析的结果中发现，污染治理投资结构不好的地区受到中央环保督察的影响较大，这矫正了地方政府的补助资源配置，有利于提升地方政府的投资能力。

其二，拓展了我国环境规制相关研究，打通了行政问责与环境规制两个研究领域。以往的问责文献主要关注宏观的行政问责制度路径设计或政府责任审计（李兆东，2015；马志娟 等，2014），而环境规制文献则分别讨论企业创新（Jaffe et al.，1997）、绩效（Clarkson et al.，2004）、环保投资（唐国平 等，2013）、违法成本（龙小宁 等，2017）以及外部约束（马红 等，2018）等变量。近年来中央环保督察开始引起各界关注，但只有少数研究对生态问责进行了制度讨论（余敏江，2011）。区别于以往研究，本书除了分析中央环保督察总体影响，还比较讨论了环保督察中政治压力与执法强度的影响，为国际学界提供了基于中国特色的政治与环境治理研究实证。

其三，验证了政治风险与制度执行力是使环境信息在中国资本市场有效的有利因素。以往研究大多给出了中国股票市场对公司环境违规信息反应不足的结论（Xu et al.，2012），尤其在对样本期间为2015年以前的中国资本市场的研究中，环境信息效用并不显著。本书通过事件研究与计量分析发现中央环保督察在资本市场发挥了有效作用，使环境信息由“非绝对价值相关信息”变为“绝对价值相关信息”，改变了以往资本市场对环境信息风险的衡量方式。

其四，本书讨论了环境成本的正当性，补充了环境成本研究范式。以往关注环境负外部性以及成本量化的研究似乎认为环境成本总量越多越好，期望利用高额成本迫使企业减少污染。区别于单一类别环境成本研究，本书通过对环境成本的即期作用与未来效用的归纳，定义次级环境成本与可持续环境成本，有利于更全面地理解企业环保投入效用。本书研究中央环保督察下企业环境成本行为的决策，并进一步讨论了中央政治压力与环境规制强度对两类企业环境成本偏好的影响，有利于政策制定者理解企业环境成本决策的动机，并从成本质量和效用角度为日后的政策提供更好的参考。

其五，通过对中央环保督察对企业市场风险、政治资源、环境成本的影响的研究，验证了中央环保督察微观落实的基础。追责官员、处罚企业为已产生的严重污染付费只是手段而非目的，中央环保督察更核心的作用在于推进国家宏观制度与企业微观运作的连接，从而规范未来政府与企业的行为。本书认为中央环保督察是中国生态文明建设的重要制度探索，通过优化资源配置和流向，引导企业未来发展方向，使政治治理与环境治理耦合，从而提升政府治理能力，实现高质量的可持续发展。

# 第二章 理论基础与文献综述

生态环境治理的效力如何取决于环境各方利益相关者，执法者、行为主体、公众等都会在其中发挥不同的作用，并且相互影响。在进行环境规制过程中，环境管制可能会被企业俘获，政商关系也影响着企业能获得的政治资源的数量，政策与相关者的变化也会影响企业的环境行为。本章主要归纳整理国内外学者关于以上问题的研究观点。

## 第一节 环境治理体制文献回顾

### 一、环境管制俘获

管制俘获（Regulation Capture）理论是在经济管制理论基础之上发展而来的。管制经济学是在对政府管制科学性进行研究基础上发展起来的经济学，属应用经济学，需要贴近社会经济实践开展研究，为政府的政策制定、管制效率提供实证检验与理论依据。诺贝尔经济学奖获得者斯蒂格勒（Stigler）（1971）指出，经济管制理论的中心任务是解释谁将获得监管的利益或承受监管的负担、管制采取的形式以及管制对资源配置的影响。值得一提的是，中国先前实行的计划经济并非这里讨论的管制经济。“计划”是没有市场化之前的状态；“管制”则是由法律授权对市场的失灵进行补充矫正，是在建立和完善社会主义市场经济体制中依据法治体制的完善不断增强的政府职能。

行业可能会主动寻求监管，也可能会被强制管制，关键在于管制的利益如何分配。有研究指出，在某些经济背景下，如果行为者能够通过阻止其他新行为者限制竞争，保护他们在该监管下的利益，那么他们就支持高强度的监管（Bailey et al.，2017）。行业主动向政府寻求的政策主要有四种：第一种是最为直接的现金补贴，例如为鼓励开发环保技术发放的政府补助、建造运营补助贷款；第二种是对竞争对手的进入限制，例如特殊价格政策（限制价格）、垂直整合等减缓新企业进入寡头垄断行业的速度的行为；第三种是影响替代品和补充品的权力，例如肉类养殖商希望大力推广鲜肉制品的生产，抑制人造肉的研发推广；第四种是针对性的价格操纵。即使是已经实现准入控制的行业，也往往希望由一个拥有强制权力的机构来实施价格管控。如果受监管行业中的企业数量庞大，在缺乏公众支持的情况下，价格歧视将难以维持。

因此，管制俘获（也称管制俘虏）是指，利益相关集团会出于自身利益需求，自发地寻求管制政策，并以一种不透明的方式干预政府的政策实施与执行，最终使管制机构被产业控制。政府管制具有影响企业垄断利润的权力，因而企业有动机去影响政府决策，以求其制定对自身有利的法规和政策。当企业对管制结果做出预期并使用各种手段与监管方分享利润时，只要企业付出的成本比获得的政策让利小，对企业而言这种寻租投资便是值得的（Peltzman，1976）。但即便是在存在管制俘获的情形下，政府管制在经济上仍旧比不进行管制更加有效（Williamson，1976）。

## 二、政商关系与企业政策资源获取

政府与企业之间可以开展紧密的合作，及时共享相关信息（Andreoni et al.，2017），避免在产业政策的实施过程中出现经济干预失效。但只有健康良好的“亲”“清”政商关系才能够避免市场失灵与政府失灵（侯方宇 等，2018）。在管制俘获情形下企业与政府之间会形成一种非正常关系。这种非正常关系的形式可能发生在立法阶段，也可能发生在执法阶段。立法俘获，即管制政策在制定过程中便被利益集团左右，以满足企业对管制的需要；执法俘获，即管制机构在执法阶段最终被利益集团控制。利益集团可以利用多种手段为寻租创造非正常政商关系，例如使用慈善献金获取政府官员的好感，并给自身的腐败行为充当掩护（贾明 等，2015）。

依据资源依赖理论，任何组织的发展都需要从外部获得资源支持，因此资源的需求方总是在一定程度上依赖于资源的掌控方。在我国制度背景下，由政府掌握关键的经济发展资源分配权力，企业进行管制俘获的目的，就是希望与地方政府之间建立起利益输送通道（Fan et al.，2007）。具有政治关联的企业能够获得更多的多元化资源，同时政企之间的联系能为企业抵消多元化经营带来的风险（张敏 等，2009）。企业享有的财政福利、优惠补贴始终是建立政治联系、达成隐性契约的最直接结果（余明桂 等，2010）。尤其是与地方政府的关系天然就较为疏远的民营企业，具有政治关联时可以通过寻租获得更多的政府补助（张晓盈 等，2017）。在地方政府财政压力较大时，房地产企业会通过“捐税”增加地方财政收入从而俘获地方政府，最终造成中央房价调控政策失效（杨帆 等，2010）。

也有企业会利用一种“慈善—寻租—补贴”的模式获取政策资源，但这一模式的可操作性与地区的市场环境、公司信息披露程度有关（张晓盈 等，2017）。慈善行为可以为企业塑造更加正面的形象，以便企业在与政府进行利益资源交换之后，获得政策资源时能够得到公众的认可（Rothschild et al.，2016）。

政商关系的变化与政府主导的产业发展方向在企业年报中体现于政府补助、税收优惠等指标。通常，政府补助旨在提高社会效率、优化资源配置，但也可能会为企业寻租提供空间（步丹璐 等，2019）。在以往的研究中，政府补助通常根据效率理论观与寻租理论观开展研究。效率理论正面观点认为政府补助作为国家优化资源配置的重要手段，能够有效避免企业落入僵尸困境（饶静 等，2018），促进企业创新（苏昕 等，2019）；而负面观点则认为受到产业政策支持的企业接受政府补助越多其投资效率越低（王克敏 等，2017），IPO 公司接受政府补助越多其市场业绩越差（王克敏 等，2015）。寻租理论则主要结合企业的政治联系进行讨论。由于政府补助没有严格的律法标准，留给地方政府的自主空间大且界限模糊（余明桂 等，2010），企业具有强动机与政府达成某种协议以获取政治影响优势下的利益（Hellman et al.，2003），因此在企业拥有政治联系时寻租行为更容易发生。政治联系还会导致政府补助运作效率低下（潘越 等，2009），使得补助的根本目的无法实现。

## 三、环境规制现状

环境规制通常被定义为“由政府设计的一套旨在减少环境污染负外部性的监管工具”（Eiadat et al.，2008）。在环境经济学中，环境规制手段一般可以分为两个类别：强制性规制和市场性规制（Ford et al.，2014）。前者指的是通过法律、法规、规章和标准的强制性要求，以政治力量直接规范企业的环境污染行为（Lo，2015）。新中国成立伊始，我国环境立法便开始了一步步的尝试与发展，图 2-1 绘制了自 1949 年后环境立法由初探到强化的五个阶段[①]。在新中国成立初期仅部分零散的环保型政策萌芽，在落后的经济水平以及复杂的政治环境下无法建设系统的环境保护法律体系。1973 年我国环境保护事业才拉开序幕，国务院召开了第一次全国环境保护会议，对如何保护生态环境进行了诸多商议，最终提出了首部环保法规性文件，即通过《关于保护和改善环境的若干规定（试行草案）》。从

① 根据汪劲（2014）所著《环境法学》中 46-52 页内容，以及中华人民共和国生态环境部法律公开信息（http://www.mee.gov.cn/ywgz/fgbz/fl/index.shtml）进行整理。图 2-1 中法律均为简称，例如《环境保护法》全称为《中华人民共和国环境保护法》。

1979 年环境保护法试行版颁布，我国开始陆续制定了关于矿山资源、水资源、海洋资源、森林资源等的环保单行法和相关法，逐步建设和完善了我国的环境保护法律体系。

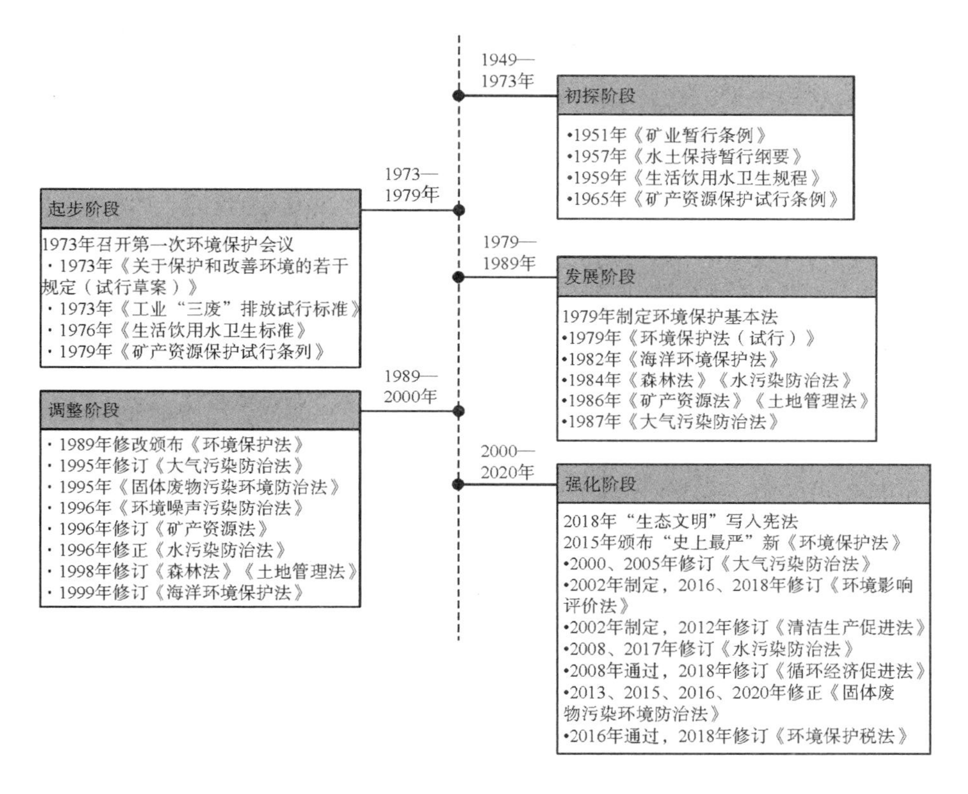


**图 2-1　我国环境立法主要阶段**

经过几十年的探索与发展，在 2000 年时我国环境规制的法律体系已经相对完善，但是环境问题依然突出，国家也一直在根据实际情况不断地对相关法律法规进行修订。以党的十八大为新的历史起点，我国开始实施"大力推进生态文明建设"战略，并于 2018 年将"生态文明"写入宪法，环境保护迈上一个新台阶。2015 年开始实施被称为"史上最严"的新《环境保护法》，并将政府管理中党政人员的责任纳入环境保护法治建设中（相关内容在第三章中进行详细介绍），进一步增强了从根源上进行环境规制的决心。

环境法律法规体系的建立与完善有助于各种有关开发利用、保护防治、可持续发展等的法律规范之间的协调配合，更好地发挥生态文明建设中环境保护的作用。图 2-2 显示了我国环境保护法律法规的效力体系与功能分类。

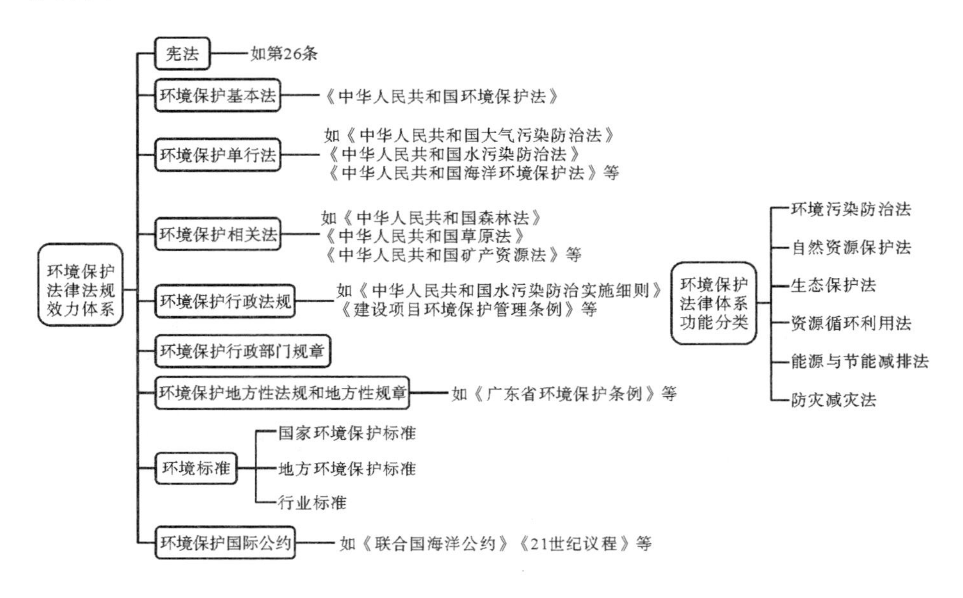


**图 2-2　我国环境保护法律法规体系**

从效力体系来看，环境保护法律法规包括宪法、环境保护基本法、环境保护单行法、环境保护相关法、环境保护行政法规、环境保护行政部门规章、环境保护地方性法规和地方性规章、环境标准以及环境保护国际公约。《中华人民共和国宪法》第 26 条第一款规定“国家保护和改善生活环境和生态环境，防止污染和其他公害”；基本法是指《中华人民共和国环境保护法》；单行法包括各类污染防治法、生态保护法等；相关法是指一些自然资源保护和其他有关部门法律；环境保护行政法规主要是国务院制定并公布的环保规范性文件（或由国务院批准有关部门公布），如环境保护法的实施细则和条例，其他针对环保某个领域的条例、规定和办法；行政部门规章主要是环境保护行政主管部门单独或联合其他有关部门发布的规范性文件，适用于全国；地方性法规和规章是各地针对本地实际情况和特定环境制定的环保规范性文件，仅适用于本地区，操作性较强；环境标准分为国家标准、地方标准和行业标准，是环保执法和环境管理工作的技术依据；环境保护国际公约是指国家参与和缔结的环境保护国际公约、条约和议定书，除我国声明保留的条款外，国际公约与我国环保法存在差异时优先适用国际公约。

在处理生态系统服务之间的冲突以及在争夺稀缺资源的竞争中，政策工具的选择可以发挥关键作用（Sandström et al.，2017）。环境规制作为社会性规制的重要内容，对企业各种会污染公共环境的行为进行规制，影响着企业的生产技术选择、投资决策以及治理污染的各类设备购买（Gray et al.，1998）。众多研究表明，政府管制可以有效地改善环境质量——虽然可能存在一定的周期性和短效性。

生态环境是一个公共物品，政府应当主动扮演好其权力主张的代理人角色，在发展经济的同时保护好环境，努力使公众都能享有良好的自然生存环境。但中央政府与地方政府之间容易产生信息不对称现象（龙硕 等，2014），如果中央政府不能控制地方政府，就会造成事实上的“新自由环境主义”局面（Lo，2015），使得执法机构在管理自己辖区内的经济行为时享有高度的自由和灵活性，导致环保政策的执行效果无从保障，从而形成环境管制俘获。

当地方政府需要创造高经济效益以满足政治需求，而企业需要得到一定的政策宽松度以及资源倾斜时，政企之间就容易形成非正常关系，产生管制俘获现象，而生态环境往往会成为其中的一个寻租标的。

李国平等人（2013）在政企激励模型研究中指出，我国每年增加环保投入却并没有取得显著环境改善效果的主要原因是，提高环保预算反而会增加地方政企形成非正常关系的概率。因为仅加大对生态环境整治的投入却不对其如何使用、如何管制进行约束的话，反而给予了地方政府更多操控的空间。因此环境恶化在某种程度上的确是一种政策失败的结果（Sinden，2005）。此外，经济学研究中有大量证据从另一角度表明，行为者会促进高度环境保护，并认同其管制手段，以阻止竞争者进入其领域（Peltzman，1976；Stigler，1971；Tullock，1967）。

法治环境与地方官员的环境负责制度对于环境管制的效果有着明显的影响。在法治环境差的地区，企业更容易与地方政府建立关系网，使得污染管控效果变差。因此，官员的更替能够产生震慑效应，在一定程度上避免这样的非正常关系，使得短期内的环境污染减少（梁平汉 等，2014）。任期负责制会加强地方政府与企业形成非正常关系的动机，而如果采用终身负责制就可以有效地迫使官员考虑这种行为对自身未来政治生涯的影响（张彦博 等，2018）。

### 四、环境管制与环境信息市场风险

资本市场的价格波动本质是信息资源价值的反映。根据有效市场假说（efficient markets hypothesis，EMH），当环境管制足以影响公司行为时，资本市场能够及时对相关信息风险及收益做出判断与反应。在环境经济政策研究中，披露环境信息被认为是区别于传统环境规制处罚的新型监管方式（Foulon et al.，2002）。因此股票市场应当有作为环境监管执行者的作用，即环境信息发布后市场能够有效地做出反应，公司市值会因此遭受损失（Badrinath et al.，1996）。除此之外，披露有毒物质排放清单（toxics release inventory，TRI）（Konar et al.，1997）、环境评级（Gupta et al.，2005）、环保投诉（Dasgupta et al.，2001）、环保违法企业名单（Dasgupta et al.，2006）等信息对资本市场的影响也在欧洲、北美洲、印度、韩国等地的研究中得到了验证，并且公司遭受市值损失后会促使公司减少污染排放，进而改善环境绩效（Foulon et al.，2002）。

但长期以来，环境信息披露在中国市场反应研究中是否必然有效并未有定论，尤其在对样本期间为2015年以前的中国资本市场的研究中，环境信息效用并不显著。在针对A股市场的研究中，Xu等人（2012）发现市场对上市公司披露的负面环境信息反应偏弱；王遥、李哲媛（2013），方颖、郭俊杰（2018）等学者的研究甚至发现市场对环境事故、环境处罚等负面信息没有显著的惩罚效应；也有研究指出新兴市场投资者不成熟，多为投机者而非价值投资者，同时民众缺乏环保意识，使得上市公司没有舆论压力（方颖 等，2018）。

通常投资者考虑环境信息的市场风险时会着重参考当下的环境监管。环境违规处罚要求公司停产整顿会影响其正常经营，或者环境监管要求公司日后投入更多资源升级减排技术以达到监管要求。但监管者的立场与态度决定着违规处罚的执行力度与约束的时效性，因此环境管制是否会被俘获对环境信息的风险含量具有绝对影响。

严格的环境管制与较强的处罚力度能够增强环境信息的市场反应，但企业的政治关联度对此有相反的作用（陈开军 等，2020）。当发生环境违规行为时，污染企业更有可能利用政治关系来减轻惩罚，此时政商关系为重污染企业起到了保险作用（Tian et al.，2019）。在环境管制被俘获时，同时具有强政商关系的企业会给外界释放出不会因环境管制受到影响的信号，管制力度在执行过程中也无法得到保障，此时的环境信息对资本市场而言风险含量较低，市场可能会因此失效。

### 五、环境规制与企业环境成本行为决策

依据环境规制的要求，企业生产经营总是需要付出一定的成本才能达到合规标准。企业所有的环境行为均会受到环境规制的影响。因此当地方环境管制被俘获时，企业相应的成本决策自然会随之变化。

影响企业成本的环境规制大致分为两类。一是政策类，强制要求企业进行污染付费。社会最优政策包括对环境损害收费（Rouge，2019），能够

涵盖社会福利的负面影响（Glazyrina et al.，2006）；此外还有行政处罚产生的罚金与停产损失。但不同国家的政策存在差异，跨国公司可能会对此加以利用。支持“污染天堂假说”的研究认为，外商直接投资（foreign direct investment，FDI）对中国环境的直接影响是负面的，只有在控制外商直接投资的情况下，环境规制才有效（Hao et al.，2018）。二是市场类，例如近年来在世界范围广泛推广的碳排放交易计划（emissions trading scheme，ETS）。虽然市场化环境治理一直备受推崇，例如 Montgomery（1972）曾给出了排污权交易系统若基于市场条件会显著优于传统环境治理政策的证明，但碳排放交易与税收制度明显不同，许可证价格的变动使得企业必须面临监管成本的市值波动，而在长期持有许可证的行业中，获得最多配额的公司受到的伤害会最大（Bushnell et al.，2013）。

企业能够实现环境管制俘获时，应当会采取低环境成本运营的策略。因为实施不当行为情况下被俘获的管制者会给予企业相对宽松的监管条件，企业并不会严格遵守环境规制标准，并且产生污染时并不需要为此付出太大的合规代价，政策性成本例如环保罚款、污染处理费用等支出较低（Gray et al.，1996）。只要俘获管制者的成本相比合规情形下应当支付的环境成本低，企业就会继续维持当前的高污染生产。

采用市场工具在某些理想情景下可以自动调节市场参与者的行为以达到绿色发展的目的，但如果出现垄断、行业游说等情形则会使市场手段失效，因此无论在何种经济体中总是需要强制性的制度规范予以介入，以“看得见的手”引导“看不见的手”。

此外，在环境规制领域研究中支持双赢观点的“波特假说”引发了大量讨论。波特假说认为，环境规制会促进企业创新，甚至创新的获益有可能大于企业的合规成本（Jaffe et al.，1997）。环境规制还会加重地方政府支持度高的企业的融资约束（许松涛 等，2011）。而企业提高自身的环境信息披露水平，可以显著减少所面临的融资约束（吴红军 等，2017）。但在众多的中国情景验证下，波特假说是否成立不仅取决于环境规制的强度（何玉梅 等，2018；王腾 等，2017），也取决于环境规制的类型（原毅军等，2016）、企业的合规成本异质性（龙小宁 等，2017），甚至取决于地区差异（Jiang et al.，2011；张成 等，2011）。相对而言，低污染企业的环保投资具有递增的经济效益，而高污染企业的环保投资则没有（Clarkson et al.，2004）。

在相同条件下，消费者会更青睐环保型的公司和产品。但污染的预防治理、环境管理体系的改进以及生产技术与生产设备的环保升级都需要投入大量的资源，环境成本将因此大幅提升（Arouri et al.，2012）。如果在环境管制被俘获的情形下，环境规制的执行力度无法得到保障，企业无须付出相应的环境成本便能顺利经营，其达到环境规制要求的合规成本远小于技术改进的投入与支出，那么企业就没有动力对现有的生产技术与固定设备进行环保升级，从长远来看并不利于企业的竞争力提升与可持续发展。

## 第二节　企业环境成本文献回顾

人类社会历经三次工业革命后，全球经济发展所带来的资源存量透支和生态降级问题开始引发环保革命。自 20 世纪 70 年代起，环境信息逐渐被纳入各类科学研究范畴，以 Beams 等学者（1971）与 Marlin（1973）对污染成本与污染会计的研究为代表，学者们开始聚焦于环境成本的概念探索与技术改进。在近半个世纪的研究发展中，环境成本由会计学范畴逐步扩展到经济学、法学、心理学、系统科学等学科，研究方法也涵盖了大部分学科的理论与方法。学者与各组织对环境成本的概念与核算项目进行了详细探讨，细化了企业事前预防、事中控制、事后恢复的各类环境成本项目，对内部与外部、显性与隐性成本等诸多概念进行分析讨论，理论与计量研究日趋完善。

但环境成本发展是否具备现实指导意义？又是什么在推动着环境成本领域的研究？在理论与技术的发展过程中，实现企业利润与保全生态环境始终矛盾，单纯以保护环境为导向难以获得企业支持。这使得研究转向追踪环境成本，探索环境成本对推动生态经济的作用机制，为企业进行生态维护寻求动机。对此，Schaltegger 于 1990 年首次提出“生态效益”（eco-efficiency）概念，并由世界可持续发展工商理事会（World Business Council for Sustainable Development，WBCSD）（1992）和 Schmidheiny（1996）对其进行推广。Schaltegger 认为降低生态损害的同时能够产生更多的经济价值，引领了通过环境成本管理实现组织生态效率的思潮（Burnettet al.，2008）。同时，企业自然资源基础观（natural resource-based view，NRBV）应运而生，认为企业能够在经营活动中实现环境友好（预防污染、绿色生产管理、可持续发展）是其战略与竞争优势的基础，其以一个更系统的角度，从资源、战略、能力的联系中研究环境绩效与财务绩效之间的关系（Hart et al.，2010）。

## 一、环境成本的概念与分类

### （一）环境成本的定义

企业环境成本是环境会计核算的核心内容。即使环境会计自 20 世纪 70 年代便开始发展，自 90 年代起国际上的相关研究成果开始大量发表，其间国内外学者对环境资产、环境负债、环境成本的概念的定义、确认、计量和披露进行了广泛的讨论（周志方 等，2010），部分企业也开始结合自身情况编写环境成本报告，目前也仍然没有形成公认的环境会计准则或制度，也没有统一的核算标准体系。

对于环境成本内涵的界定与分类研究，已有大量学者进行初步的尝试

(Ditz et al., 1995; Letmathe et al., 2000; Parker, 1997), 国外对环境管理会计也有着详细而深入的研究(干胜道 等,2004;肖序 等,2005)。各政府与社会组织的研究更为规范,如荷兰国家统计局(Central Bureau of Statics, CBS)(1979)、加拿大特许会计师协会(Canadian Institute of Chartered Accountants, CICA)(1993, 1997)、联合国国际会计和报告标准政府间专家工作组(Intergovernmental Working Group of Experts on International Standards of Accounting and Reporting, ISAR)(1998)、美国环保局(U. S. Evironmental Protection Agency, EPA)(1995)、日本环境省(2000)等均曾对环境成本核算内容做出规范。国内外会计界出于各自的应用场景与使用目的,对环境成本的表述也各有不同。早期国际各会计组织对环境成本的概念定义见表2-1。

**表2-1 国际各组织对环境成本的定义**

| 组织 | 对环境成本的定义 |
| --- | --- |
| 联合国统计署(UNSD)(1993) | 一是过度消耗自然资源导致其数量锐减、质量降低,从而导致自然资源的价值不断降低;二是关于环保方面的实际支出,即为了防止环境污染、改善环境质量、恢复自然资源数量等发生的各种费用和支出 |
| 美国环保局(EPA)(1995) | 从内部环境会计的角度将环境成本细分为传统环境成本、潜在或隐没的环境成本、或有环境成本、形象关联环境成本 |
| 荷兰国家统计局(CBS)(1979) | 出于防止对企业的环境造成不利影响的目的为采取的环境行为所付出的成本 |
| 联合国国际会计和报告标准政府间专家工作组(ISAR)(1998)《环境会计和报告的立场公告》 | 本着对环境负责的原则,为管理企业活动对环境造成的影响而采取或被要求采取的措施的成本,以及因企业完成和满足环境目标和要求所付出的其他成本 |
| 加拿大特许会计师协会(CICA) | 环境成本包括环境措施成本和环境损失。环境措施成本指某个主体为防止、减少或修复对环境的破坏或保护再生或非再生资源而采取的行动所发生的支出。环境损失则指某个主体在环境方面发生的没有任何回报和利益的成本,例如违反环保法律法规后被处以罚款、破坏生态环境后支付的各类补偿金等 |

表2-1(续)

| 组织 | 对环境成本的定义 |
| --- | --- |
| 日本环境省（1999）《关于环境保全成本的把握与披露的原则》 | 企业在生产经营活动中以保护环境、降低环境污染为目的所需支付的相关成本，包括环境保全投资成本和当期成本支出 |
| 日本环境厅《环境会计系统应用的指导准则（2000）》 | 企业为环境保全而付出的投资和费用 |
| 日本环境省（2002）《环境会计指南》 | 以避免环境负荷、预防和控制环境污染、消除环境影响而进行的环境治理和补救工作所发生的以货币计量的相关支出和成本 |

可以看到，早期国际各组织对环境成本的定义相对比较笼统，甚至部分定义是不够全面的。例如在联合国国际会计和报告标准政府间专家工作组的定义中，赔偿、罚款与罚金等成本虽然与环境污染相关，却不属于这一定义范围。荷兰国家统计局的定义中环境成本被局限于预防行为所产生的成本，而为企业带来正面财务效益的环境行为成本则不包含在内（肖序，2007）。

除了各类国际组织外，国内大量学者也对环境成本的定义进行了讨论。从宏观到微观，从时间到空间，他们对于环境成本的功能与类别都有自己的独特见解，部分定义如表 2-2 所示。

**表 2-2　国内学者对环境成本的定义**

| 学者 | 对环境成本的定义 |
| --- | --- |
| 郭道扬（1997） | ①因环境恶化而追加的治理生态环境的投入；②因重大责任以致生态环境恶化所造成的损失、环境治理费用和罚款；③未经环保部门批准，擅自投资项目所造成的罚款；④环境治理无效率状况下的投资损失和浪费 |
| 王立彦（1998） | 空间范围：内部环境成本和外部环境成本<br>时间范围：过去环境成本、当期环境成本和未来环境成本 |
| 朱学义（1999） | ①资源消耗成本；②环境支出成本（环境预防费用、环境治理费用、环境补偿费用和环境发展费用等）；③环境破坏成本；④环境机会成本（资源限制成本和资源滥用成本） |

表2-2(续)

| 学者 | 对环境成本的定义 |
|---|---|
| 麦磊（2004） | 能为企业带来有形效益的环境对策成本和带来无形效益的社会关联成本 |
| 肖序（2007） | 以货币价值计量的，为预防、减少和（或）避免环境影响，或清除这些环境影响等发生的各种损耗 |
| 王晓燕（2012） | 从管理过程的角度将环境成本分为环境控制成本和环境故障成本 |
| 方文彬等（2014） | 财务账面上的现金支出、非现金形式的资产支出、企业价值的降低、企业竞争力的减弱以及损失的商业机会等 |

自20世纪90年代开始，经过二三十年的发展，学界对于环境成本内涵的认知更加丰富，对企业污染行为的事前、事中、事后过程，即企业为预防、减轻、消除环境影响所产生的各类成本都进行了讨论（徐玖平 等，2006）。进一步地，有很多学者认为应当考虑企业活动对生态环境产生的各种潜在的生态降级成本，但对生态环境产生的外部性成本难以计量，为此部分学者设计了各类计量模型进行推演，以求更多地将外部环境成本内部化（蒋洪强 等，2004）。

（二）环境成本的分类

从空间范围上观察，环境成本存在内部与外部之分。马歇尔（Marshall）于著作《经济学原理》中最早提出“外部经济”概念。生态足迹、城市可持续性和危险污染物出口问题都与环境恶化的扩展空间维度有关，因而环境外部性的影响在时间和空间上具有广泛的物理维度（Bithas，2011）。企业产生的负外部性效应中，企业自身无须承担的经济与社会责任形成了企业的外部成本，并且往往难以计量。由此，环境成本依据是否由企业自身承担可分为外部成本和内部成本。外部成本是一种造成生态降级的虚拟成本，不同于内部成本需要计量报告，也不会影响利润水平。企业也并不会因为外部成本而产生自觉维护生态环境的内在动力。但如果将外部成本内部化（internalization of externalities）并使其进入企业成本核算体系，便会影响到企业报表的利润底线，这时企业寻求利润最大化的目的不再与恢复生态相矛盾，反而促使其形成驱动力去设法降低成本，从而履行环境责任（徐瑜青 等，2002）。

即便开始考虑外部成本，外部成本内部化是否越多越好？外部性问题是环境生态经济学的核心，但要实现可持续发展并不意味着零外部性。除了环境问题外，可持续发展也涉及经济和社会问题，只有不符合可持续发展的外部影响才需要内部化（Bergh，2010）。当研究目标是任何一种外部性内部化，其价值必须以货币形式明确，而环境外部性的直接价值（基于市场价格）和间接价值（基于假设市场中所表达的偏好）评价都是以新古典经济学的理性经济人偏好为基础（Birol et al.，2010；Papandreou et al.，2003）。Bithas（2011）认为在外部成本极高的现实情况中，内部化并不能实现可持续发展，只有在未来环境权利神圣不可侵犯时，外部成本内部化采取非常特殊的形式才能保证可持续发展。

从时间跨度角度看，企业环境成本又有当前成本与未来成本之分；从代际公平角度看，每代人都是良好环境的受益者，也是环境破坏的受害者。企业的当前环境成本是指企业对过去经营活动产生的污染所进行的补救与补偿支出、在当期生产经营活动中的环境支出、为未来更好地经营而提前投入的环境支出。企业的未来环境成本是指依据过去经营活动预计的未来需要支出的成本、在当期基础上由于技术和法规变化而预计产生的成本以及依据尚在研究开发的产品技术与设备对未来环境行为可能的影响而预计的成本（郭晓梅，2003；肖序，2007）。

从环境成本发生的目的及其功能性的角度，其又可分为补偿成本、维持成本和预防成本。补偿成本主要是对从前已经发生的或当期正在发生的环境破坏进行补救、补偿，大部分出于符合法律法规的动机，特点是先污染后付费，仅为弥补性支出，从会计角度看不会使企业形成收入或资产的增量。维持成本是用于维持环境现状、同步消除不良环境影响的支出，可能会形成企业收入或资产的增量，例如该投入用于环境治理设施时可能会对其进行资本化处理。预防成本属于企业的主动性支出，发生于污染破坏之前，是面向未来可能的不利环境影响而做出预防，从而产生的环境成本。预防性环境成本在会计处理中不但会形成企业的收入或资产增量，而且可能会使企业的生产能力或生产效率得到提升，对形成资产增量的部分则需要进行折旧或摊销。虽然预防性环境成本更像投资性支出，也有学者将其作为环境投资进行研究，但这类支出具有其目标的特殊性，不属于对生产力或是对非生产性设施的投资。

综上，本书在观察企业针对环境问题投入的资源时，综合考虑了环境成本的目的性以及长期效应，将企业环境成本大致划分为以下两种类别进行后续研究。

一是面向既定事实的污染付费型。这包括政府的干预矫正（如行政处罚、环境污染税或排污收费、环境保护补贴、押金退款制度等），也就是环境成本补偿的非自愿成分；还包括利用明晰产权，通过市场交易（自愿协商制度、污染者与受污染者的合并、排污权交易制度等）消除外部性，使资源的配置达到帕累托最优，从而避免“公地悲剧”产生的费用投入。这类投入主要转化为企业的成本费用，为环境破坏行为（提前）买单，或在环境污染产生之后支出，具有即时性、短效性、补偿性，属于对生态环境的事后治理而非最优解，本书将这类环境成本定义为“次级环境成本”。

二是面向未来的源头治理型。该类型注重在企业生产经营的全过程避免环境损害，解决源头问题。大多数环境损害可以通过对造成这种损害的污染物的管理进行投资来减少（Rouge，2019）。这类资源投入会促使企业进行技术和设备的革新、控制生产流程，从根本上避免环境污染。这类支出主要转化为企业的无形资产或固定资产，少部分研发支出会费用化，总体来说在会计核算中属于资产类科目而非损益类或成本类科目，但在长期过程中这类支出有助于持续改善环境污染情况，并且也会逐渐摊销进各期成本中。本书将这类环境成本定义为“可持续环境成本”。

## 二、环境成本的确认与追踪

合理确定环境成本的类型的前提是将环境成本识别出来。环境成本在会计反映中体现为依法强制记录的“显性成本”和被嵌入其他成本项目（如制造费用、管理费用）中的“隐性成本”。Joshi 等学者（2001）通过对钢铁行业进行的实证研究发现，每增加 1 美元的环境显性成本，就会产生与之相关的计入其他成本项目的 9~10 美元的隐性成本。在传统成本核算中，企业管理层对环境和非环境成本的聚集导致了管理层的成本“隐性化”。大量证据表明企业管理层往往低估这种成本的规模和增长速度，以至于大多数成本通常无法追溯，被简单地归集于过程和产品，作为一般的管理费用来处理（Jasch，2003）。可见，多数企业与环境相关的成本支出未从传统成本项目中剥离出来，这使得管理费用、制造费用等项目吸收了大量环境成本，而这些环境成本却没有单独列项披露。

为了更直观地展示环境成本的确认流程，本书绘制了图 2-3。当环境事项在会计期间内引起企业的资产损耗或负债增加时就可以考虑进行环境成本的确认。其中，可以依据国家相关法律法规进行成本确认，例如依法缴纳的排污费、环保税以及各类罚款等；也可以依据企业自身的环境目标和标准进行成本确认。环境成本确认时需要遵照可定义、可计量、相关性、可靠性原则，根据环境相关支出的目的、服务期间等确认对其进行资本化或递延处理还是进行费用化处理（肖序，2007）。

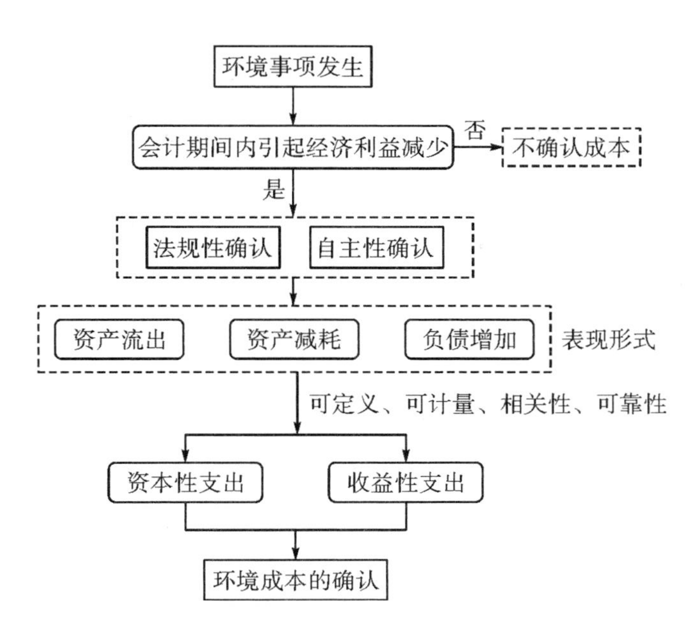


图 2-3 环境成本确认流程图

本书通过查阅相关会计准则、环保政策、企业年报，对环境投入涉及的主要项目进行了整理，发现在财务报表附录以及部分报告事项说明中公司会部分披露环境投入相关事项。本书尽量将上市公司披露的环境成本进行归集，用以表示本研究中的“次级环境成本”和“可持续环境成本”，具体见表 2-3。

表 2-3 次级环境成本与可持续环境成本会计科目与项目明细

| 环保投入 | 会计科目 | 项目明细 |
|---|---|---|
| 次级环境成本（EC_Sub） | 管理费用 | 排污费、绿化费、环境质量监测费、水土保持及耕地补偿费、危险废弃物处置费、矿产资源补偿费、安全环保费、林地复垦费等 |
| | 营业税金及附加 | 环境保护税、水土流失治理费、矿产资源补偿费、排污税、河道治理费、环保基金、草原补偿费、水资源税等 |
| | 营业外支出 | 环保罚款、矿山土地补偿款、环境污染补偿费、环境保护拆迁安置费、场外盗采灾害治理费等 |

表2-3(续)

| 环保投入 | 会计科目 | 项目明细 |
| --- | --- | --- |
| 可持续环境成本(EC_Sus) | 开发支出 | 如：节能环保高槽龄铝电解槽的研发、黏质土壤改良及植被生态恢复技术研究、高氨氮废水资源化回收工艺研究等 |
| | 在建工程 | 如：硝铵粉尘及硝铵水回收工程、高能耗电机更新和机电设备变频节能改造、捣固炼焦煤气脱硫改造工程等 |

资料来源：根据样本企业的年报附注明细项目手工汇总整理。

典型的会计系统只能追踪组织总环境成本的小部分（Ditz et al., 1995）。对此，联合国可持续发展委员会（United Nations Commission on Sustainable Development，UNCSD）于2001年出版《环境管理会计：程序与原则》，国际会计师联合会（International Federation of Accountants, IFAC）于2005年发布的《环境管理会计国际指南终稿》将环境会计划分为环境财务会计和环境管理会计（Environmental Management Accounting, EMA），大大扩展了传统会计的计量范围。Jasch（2003）定义了EMA的原则和程序，关注量化环境支出或成本的技术，根据联合国统计司开发环境经济综合核算体系（System of Environmental-Economic Accounting，SEEA）给出了环境成本评估方案。

在会计的方法体系研究中，一般会基于传统成本核算方法，考虑部分非财务信息进行一定的创新改良用于环境成本追踪。例如作业环境成本法（Activity-Based Environmental Costing，ABEC）、完全成本法（Full Cost Accounting，FCA）、环境质量成本计算（Environmental Quality Cost，EQC）和生命周期成本法（Life Cycle Cost，LCC）等。此外，值得一提的是物质流成本会计（Material Flow Cost Accounting，MFCA）作为一种特殊的成本追踪方法也频繁用于环境成本测算（Schmidt，2015；Sulong et al.，2015；肖序 等，2017）。它能够使企业更准确地识别资源损失过程，可以通过减少废弃物来实现生产能力的提高，是一种提升经济和环境绩效的工具，在日本企业中使用率较高（Burritt et al.，2006；Christ et al.，2015）。由国际标准化组织（International Organization for Standardization，ISO）介入后，MFCA 的实施和研究产生了实质性的变化，该领域也产生了更多的研究机会（Christ et al.，2016）。

有时可以考虑多种方法结合使用。Bagliani 等学者（2012）曾结合生态足迹会计框架和作业成本会计技术评估与公司生产相关的环境压力；Fahlen 等学者（2010）在不同情境下于外部成本会计中加入污染和生命周期考量，这用简化的外部成本会计方法对瑞典哥德堡供热系统进行评估；Bierer 等学者（2015）也介绍了一个以扩展的 MFCA 为纽带的生命周期评估法（Life Cycle Assessment，LCA）和生命周期成本法（Life Cycle Cost，LCC）。上述方法的改良、融合为企业在实务中实现环境成本计量提供了良好的可操作性。

## 三、环境成本与企业动机

研究者们主要以三种对立观点构建企业环境动机理论基础：一是生态伦理告诫人类需自觉承担维护生态的责任，而经济学的理性人假设却要求利己为先；二是外部性的解决依靠政府法制干预还是明晰产权的市场交易；三是自然与企业的正和与零和博弈产生的“双赢”与“得失”争论。

### （一）经济与伦理冲突

环境成本追踪动机的根源是对解决经济学与伦理学认知之间自古已有之冲突的尝试。从中国先秦道学、儒学的义利之争，到现代经济伦理中的代表作——亚当·斯密的《道德情操论》与《国富论》中道、利的截然的两分性，经济实践始终面临经济与生态利益的取舍问题。环境成本核算是实现生态环境质量持续改善、自然资源合理开发利用的基础，追踪环境成本实质上是一种生态中心主义的行为体现，与人类中心主义（anthropocentric）存在着无法消解的内生紧张关系。

最早追溯至 1972 年，经济合作与发展组织（Organization for Economic Co-operation and Development，OECD）通过决议提出污染者付费原则

(Polluter Pays Principle, PPP), 作为庇古税理论的一种应用, 以支持环境外部成本的有效解决。而后自 20 世纪 90 年代起, 经济领域逐步引入生态环境补偿概念, 试图以修复和重建受损生态系统来补偿生态损失 (Cuperus et al., 1996)。在此基础上, 生态服务功能付费 (Swallow et al., 2009)、污染付费原则 (Glazyrina et al., 2006; Luppi et al., 2012; Zhu et al., 2015) 又取得进一步发展, 明确了环境成本向环境使用方或实施损害方追踪的导向, 环境成本管理逐步成为生态与经济的连接点。此外, 成本数据的质量成为进行生态效率计量的关键, Ciroth (2009) 曾设计出系谱矩阵 (pedigree matrix) 来管理成本数据质量。Gastineau 等学者 (2014) 引入货币补偿工具来补充环境补偿的理论缺失, 研究以最小成本实现最优补偿的方法, 给出了公平和成本效率之间的最佳平衡点。以上发展形成了环境资源从"无价"向"有价"的思想转变, 通过环境成本影响企业行为决策, 以经济手段促使其降低污染, 实现生态和谐, 缓解经济伦理冲突。

### (二) 法制与产权调和

经济与伦理的矛盾触发了环境成本追踪的动机, 而制度因素是实现资源合理配置的关键所在, 因此从制度根源上看, 追踪如何以最优的方式实现? 大量研究从以下两种基本经济学理论观点进行了探索。

一是基于外部性内部化的庇古理论。该理论认为外部性影响必须通过政府干预来消除。多数情况下, 企业缺乏动力去改善环境或实施环境成本内部化 (Druckman et al., 2008), 企业的环境投入必须借助外力进行推动。例如, 公民执法 (美国联邦环境法) 可能降低社会成本 (Langpap, 2007), 也可能增强公众环保意识、促进完善环境立法, 还可能促进优化产业结构等 (Bruijn et al., 2000)。可见, 政府通过法律可以确定环境成本的追踪方向与追踪方式, 规范企业环境行为。

环境恶化是一种政策失败的结果 (Sinden, 2005), 政府的干预矫正 (如环境资源税、环境污染税、排污收费、环境保护补贴、押金退款制度等）就是前文提及的环境成本补偿的非自愿成分，其中，Glazyrina 等学者（2006）在对污染付费原则的研究中就提出了涵盖社会福利负面影响的“修正”环境税。然而法治效用并非必然存在，Fahlen 等学者（2010）评估瑞典某小区的供热发电相关的环境成本政策时，发现排污许可、税费等成本高于污染物带来的环境成本，并且经济政策工具不能完全吸收所有的外部成本。Zhu 等学者（2015）采取问卷调查方式，针对中国香港地区的环境政策评估污染者付费原则（PPP）应用的可行性，指出以法律和政策控制来纠正船舶污染源的框架并不充分有效，同时这样的干预、矫正存在一定的滞后性，并且其标准难以科学、合理地确定。

二是基于外部性产权化的科斯理论。该理论认为如果产权足够明晰，就可以通过市场交易（自愿协商制度、污染者与受污染者的合并、排污权交易制度等）消除外部性，使资源的配置达到帕累托最优，从而避免“公地悲剧”的发生。对于上文提到的环境成本补偿的标准，可以通过核算和协商确立，协商即涉及市场中双方的意愿的博弈过程。

需要明确的是，政府干预与市场交易下的环境成本追踪并非截然对立，实践中两种制度因素在复杂的社会背景下具有互补意义。以排污权交易为例，自 1968 年经济学家 Dales 提出“排污权交易”至今，它既发展成一种市场行为，也逐渐形成了一种追踪环境损害的环境经济政策——政府立法、评估环境容量、分配权力再交由市场进行交易。理论上，Montgomery（1972）给出了排污权交易系统基于市场条件会显著优于传统环境治理政策的证明。而后《京都议定书》（2005）的实施使得节能减排措施与市场机制相结合，温室气体排放权成为可交易的商品，从发达国家到发展中国家纷纷开始启动排放权交易，中国也积极制定了《温室气体自愿减排交易管理暂行办法》（2012）进行探索与试验。Chaabane 等学者（2012）认为现行立法和排放交易计划存在脱节问题，必须加快推动在全球层面有意义的环境战略，打破国与国之间的界限。

（三）“双赢”与“得失”争鸣

基于成本与利润的天然对立，企业缺乏进行环境保护的内在动力，除非环保投入能够带来相应甚至更多的经济利益或其他形式的补偿，这本质上是企业盈利与生态维护目标之间的博弈过程。研究者们试图寻找环境成本与经济绩效的关系，希望将企业对环境治理的投入化被动为主动，这也是环境成本追踪动机领域最主要的研究内容。基于不同的研究背景和样本选择，长期以来关于环境表现对经济绩效是正面影响还是负面影响的争论持续不断且未有定论（McWilliams et al.，2000；Russo et al.，1997）。

正和博弈（合作博弈）强调以合作或妥协的方式使环境与企业双方获利（或至少一方获利时另一方不遭受损失），实现“双赢”（win-win）局面。双赢逻辑的支持者们认为，即使在短期内初始环保投资会增加成本，但通过开展生态效益活动也可以降低运营成本（相当于以博弈产生合作剩余），这些活动包括减少污染、节约能源、原料回收利用以及识别成本的生命周期等（Porter et al.，1995）。20世纪以来，会计学家、经济学家开始将环境成本与收益管理作为提升企业生态效率的重点研究对象，通过各种理论与实践进行积极探索。Melnyk等学者（2003）曾评价过环境管理体系对企业和环境绩效的影响。实施生态效率战略可以正向提升企业价值，实现低成本和高利润（Sinkin et al.，2008），并且组织能力和管理框架也会影响企业通过污染预防战略获得利润的能力（Hart et al.，2010）。Wisner等学者（2006）、Burnett等学者（2008）、Lucas等学者（2016）的会计研究中也以实证支持了这种“双赢”理论。

即使“双赢”理论得到了迅速发展，在一定程度上为企业兼顾经济利益与生态环境提供了理论驱动，也无法避免该理论的一些客观不足，因此“得失”（win-lose）观点也始终存在。在零和博弈（非合作博弈）中所有的参与者的获利与亏损正好抵销，因此得失观支持者认为企业进行环境投入或许不会提升企业的经济绩效，环境投入在一定程度上还会耗费生产性投资中的资金，是企业产生的不可恢复成本（Russo et al.，1997）；新古典学派还认为降低污染的措施会增加生产成本和边际成本（Patten，2002）。

## 四、环境成本追踪的效用与发展

从企业微观来看，环境成本追踪主要是指识别（观察、描述和分类）和计量（采集和记录）关于环境保护的特定成本，使得环境成本可以更大显现的过程（Henri et al.，2014），重点解决"谁为环境污染买单"的问题。从最初单纯计量污染治理成本（Beams et al.，1971），到反映企业生态外部性（主要是负外部性）（Allacker et al.，2012；Fahlen et al.，2010）、促进战略成本管理（Henri et al.，2016）、实现组织生态效率（Burnett et al.，2008）等，环境成本的作用范围不断扩大，研究角度也不断丰富。

根据 Gray（1992）的研究，环境成本将作为一种会计体系影响决策和问责制度。但 21 世纪前的研究很少为环境管理会计体系的发展提供实证检验，大多数调查环境成本的文献是描述性和规范性的（Burritt，2004），之后一批学者才开始为环境成本发展理论提供经验证据。Burnett 等学者（2008）利用数据包络分析方法得出企业能够通过环境成本管理实现生态效率，在降低污染的同时提高相关效率的结论。Feng 等学者（2016）对中国五个代表省份的制造业的调查证实了环境管理体系（environmental management system，EMS）对财务绩效的正向促进作用，其中市场因素中的转换成本（switching cost，SC）会削弱，而竞争强度（competitive intensity，CI）会增强该促进作用。冯巧根（2011）通过对 KD 纸业公司 2010 年度 EMA 构建环境成本分析框架，发现其年度内环境成本（6 955 万元）为企业带来了更多的环境收益（7 435 万元），以案例佐证了通过管理环境成本实现企业价值提升的可行性。Henri 等学者（2010）曾对加拿大制造企业进行大样本问卷调查，通过结构方程模型得出生态控制作为管理控制系统（management control system，MCS）的一个特殊部分，能够显著提升环境绩效的结论，但与以往研究中认为管理控制系统能够直接促进经济绩效的结果不同，生态控制并不能直接影响经济绩效，而是在特定的环境下通过影响其他绩效水平或组织行为来间接影响企业经济绩效。

进一步地，Henri 等学者（2014）采用路径分析，以生态控制中具体的环境成本追踪（tracking of environmental costs，TEC）行为证实了这种影响，并指出环境绩效的中介作用受到环境动机的调节作用影响，这种调节作用对商业导向动机的公司会更强，对可持续导向动机的公司会更弱。利用收益递减理论可以描述平衡环境改善和经济绩效时的紧张局势，即环境动机决定着环境的改善是否能达到最小边际经济回报点。此外，开展环境成本追踪与环保活动也暗含着人力、技术和财务成本，因此虽然环境影响的降低可能有助于企业提高经济绩效，但额外的成本抵消了这个提高，使得结果表现为环境成本追踪对经济绩效的影响不显著。

在战略成本管理（strategic cost management，SCM）背景下，环境成本追踪作为执行性成本管理的一个重要工具，能够通过降低成本帮助企业调整短期策略中的资源配置及相关成本结构，这些对经济绩效有着直接、正向的影响。结构性成本管理中的实施环境主动性（implementation of environmental initiatives）能够通过价值链的流程再造帮助企业调整长期策略中的资源配置及相关成本结构（Henri et al.，2016）。

但并非所有研究均支持环境实践促进经济绩效的观点，一些实证研究给出了环保与绩效有时不可兼得的依据。González-Benito 等学者（2005）对 186 家西班牙企业（其中化工行业 63 家、电子电气设备行业 96 家、家具行业 27 家）研究发现，环境管理实践会对经济绩效（主要是总资产收益率）产生消极影响，但同时也可以带来一些竞争机会。Wagner 等学者（2002）对欧洲四国（德国、意大利、荷兰、英国）37 家造纸业开展研究，建立联立方程发现，环境绩效对已动用资本回报率（return on capital employed，ROCE）有显著的消极影响；用环境绩效指标代表不同企业的环境战略导向，发现环境绩效输出指标（二氧化硫、氮化物等末端治理的排放指标）与财务绩效是显著负相关的，而投入类指标（能源、水资源投入等整体预防指标）则与财务绩效没有显著关系（Wagner，2005）。

现有研究讨论了环境管理与环境绩效间的关系（Barla，2007；Zhu et al.，2004）、环境管理与经济绩效间的关系（Melnyk et al.，2003；Menguc et al.，2005）、环境绩效与经济绩效间的关系（Nakao et al.，2007；Wagner，2005）等，而后逐渐扩展，将自变量（环境管理）细化为环境成本管理、环境成本追踪、战略成本管理、环境供应链实践等，并探索环境管理与经济绩效间的关系如何传导。

多数研究认为成本体系设计对经济绩效的影响由一个（或多个）变量调节，这个变量描述了成本体系的运作结果，因而引入中介变量（环境绩效、企业资源和竞争优势等）、调节变量（环境动机、市场因素中的转换成本和竞争强度等）分析其作用机制（Feng et al.，2016；Golicic et al.，2013；Henri et al.，2014，2016；Henri et al.，2010；Lopez-Gamero et al.，2009）。

对因变量（经济绩效）的观测变量的选取一般有三种视角，即基于市场（市场份额、竞争优势、顾客忠诚度、商标价值等）、基于运营（经营效率、成本、质量、灵活度等）、基于财务指标（销售增长、利润率、投资回报率等）进行观测（Golicic et al.，2013；González-Benito et al.，2005；Hult et al.，2008），这三种视角涵盖了主要的企业价值测量标准。

此外，环境预防或治理的投入能否影响企业经济绩效，受到多方因素如一些组织因素、地理因素等的影响（Florida et al.，2001；Theyel，2000）。Horváthová（2010）曾对环境与经济间关系的37项实证研究中的64项结果（其中有35项结果是正向影响，10项是消极影响，19项无显著关系）进行荟萃分析（元分析），发现使用相关系数和投资组合的研究可能会使环境绩效对经济绩效的消极影响增加，而使用多元回归和面板数据技术对该结果没有影响。此外，研究的时间范围的选择对建立环境和经济间的积极关系也非常重要，毕竟环保活动的影响反映在财务绩效上也需要一定的时间（Konar et al.，2001）。不同法律背景也可能造成该结果的不同，英美法系国家有关环境绩效对经济绩效的积极影响的研究成果要多于大陆法系国家，英美法系下发达国家的污染要低于大陆法系的发达国家（Di Vita，2009）。

## 第三节　研究评述

通过对现有环境治理体制以及环境成本的相关研究文献进行梳理，笔者发现以上研究存在着一定的局限，但同时也给未来的研究提供了一些借鉴与参考。

第一，关于如何保障环境规制的执行力度的讨论不足。以往的文献尽管研究了众多环境规制的影响因素以及经济后果，比如立法、政府补助、投资者意识、媒体监督等（陈开军 等，2020；方颖 等，2018），但是忽视了非常关键的因素，即制度的执行力。环境监管失效的根源不在于制度建立的缺失，而在于制度执行的无效，这才是以往环境规制无法在环境改善中起到充分作用的根本原因，即没有人会相信公司会得到真正的惩罚，特别是在以往的政商关系逻辑下，污染甚至成为经济发展的借口。要解决管制俘获问题，必须强化监管机制，加强党的直接领导（周彬，2018）。

第二，管制俘获的问责制度研究缺乏与微观企业的有效对接。目前关于中央环保督察的研究并不是很丰富，多数研究集中于探讨行政问责制度与环境审计问责制度。国内虽然近年来接连制定多项环保法律与问责制度，但实践中对环保政策执行的解释依旧停滞不前，并且政府问责弹性大、政府参与度不高、问责部门之间横向互动不足（石意如，2018）。吴卫星（2017）曾指出倍率数据式的污染罚款设定方式无法避免法律适用上的处罚畸轻畸重现象。问责制度如果不结合企业制度落实，而是一味追责官员，处罚企业已产生的严重污染，是无法根治环境污染问题的。现有中央环保督察制度缺乏打通宏观和微观、打破研究领域界限的通盘设计，少有学者去探讨中央环保督察制度在企业内部层面的影响，也少有学者分析企业环境成本追踪对宏观制度的作用，这会导致中央环保督察无法从根本上有效提高企业环保动力。

第三，对环境成本测度方法的研究多偏向宏观口径，实际操作性不强。环境外部性的影响在时间和空间上具有广泛的物理维度（Bithas，2011），环境成本的时空转移性会鼓励企业将环境风险转移到其他空间或传递给下一代。多数基于环境外部性的研究侧重于宏观领域测度口径，用于估算企业环境成本效果不佳，并且多数测度的结果是企业没有经济能力承担的，而大多数企业成本核算体系中成本追溯界限不清，使得环境成本陷入灰色地带（Jasch，2003）。

第四，在环境成本研究中变量选取不够具体，存在片面性。目前环境成本研究中对环保投资、环境成本测度方法进行了大量研究，但没有考虑到不同性质的环境成本对企业的不同影响。未来的研究可进一步考虑验证成本结构的更多细节，和由成本体系引起的行为动因，以及多方的战略背景，如对成本水平、成本习性的分类、成本报告的频率等（Pizzini，2006）进行调查，对财务与非财务环境绩效指标（environmental performance indicators，EPIs）、环境管理背景下的组织架构设计（组织规模、供求关系、合作者选择等）等进行研究。

第五，目前研究忽视了环境成本发生的正当性。大部分政策与研究基于污染付费原则，试图在污染后果定量技术上寻求解决之道，造成企业边污染边支付罚款，把生态损害成本转嫁给社会的后果。追踪已经产生的环境成本对环保的效果有限，只有在污染发生的全过程施加政治压力，关注污染确认的正当性，才能更好地发挥政策的有效性。

# 第三章　生态环境治理体制变革——中央环保督察制度发展背景与效用

自党的十八大以来，“五位一体”总体布局和“四个全面”战略布局将生态文明建设作为重要内容，并有针对性地推进了众多开创性、根本性、长远性的工作。大力治理污染，系统出台制度，严格执行监管，使得环境保护有了转折性、历史性的变化，生态文明理念在这一过程中逐渐深入人心。中央环保督察制度诞生于中国语境下的特色制度，基于中国的现实需求而发展，符合中国人民对美好生活的期待。

中央环保督察制度的发展经历了从无到有、从有到优、从优到精的漫长过程，是我国生态文明建设战略的重大创新举措。自 2015 年 12 月 31 日中央环保督察组入驻河北省起，首轮中央环保督察巡视活动历时两年，分四批开展，于 2017 年 9 月完成 31 个省（区、市）入驻督察工作的全覆盖，并于 2018 年初完成全部反馈。同时又分两批完成了 20 个省（区、市）“回头看”入驻督察工作。此外，各省（区、市）也依照中央模式根据自身实际情况开展了一系列省级生态环境保护督查工作。在中央环保督察下，大量污染企业得到整治，同时管理不力的党政干部被约谈、问责，首轮中央环保督察巡视活动取得了极大的成效。

## 第一节　环保督查制度建立历程

我国环保督查制度的建立经历了由“区域督查”到“中央督察”、由“督企”向“督政”转变的过程。

图 3-1 显示了我国环保督查制度发展大致的时间阶段。从以往按行政区域层层下放权力的管理模式，到建立区域督查中心实现对跨省环境责任的认定，再到由环保综合督查积累追究党政干部责任的经验，形成中央环保督察中的“党政同责”制度，最后将生态问责工作的执行常态化，环境管理的执行人、被监督人、管理体系都得到了系统的改善。

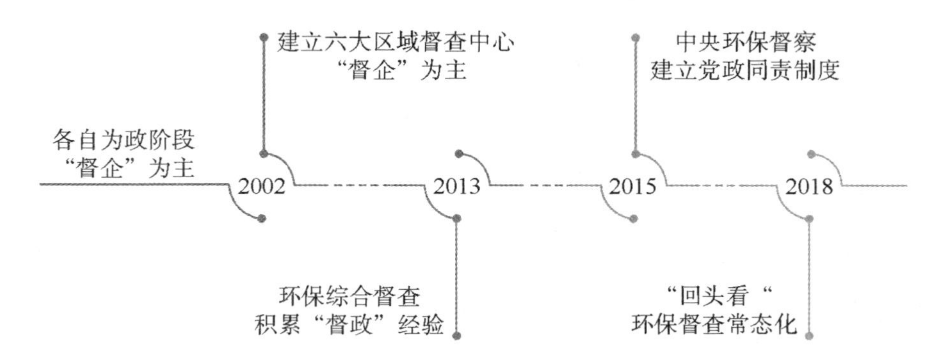


**图 3-1　我国环保督查制度发展时间轴**

本书综合近年来印发的各项规章制度以及开展的各项环保工作，按照图 3-1 的时间轴，将中央生态环境保护督察梳理为“以行政区域划分的层级制环境管理”“区域环保督查”“环保综合督查”“‘党政同责’制度建立”四个阶段。

### 一、以行政区域划分的层级制环境管理阶段

首先是 2002 年以前的早期阶段。当时我国的环境问题主要由各地县级

以上的环保主管部门处理，基本属于各自为政，缺乏区域性的督查管理。如图 3-2 所示，基本模式为由原环保总局（现为生态环境部）制定、发布统筹性的政策、相关标准与环境保护规划，各地环保部门再据此制定地区规章制度并予以执行，再由地方环保部门检查企业污染物违法排放情况，对严重问题进行处罚，督促企业进行改正并遵守相关环保法规。

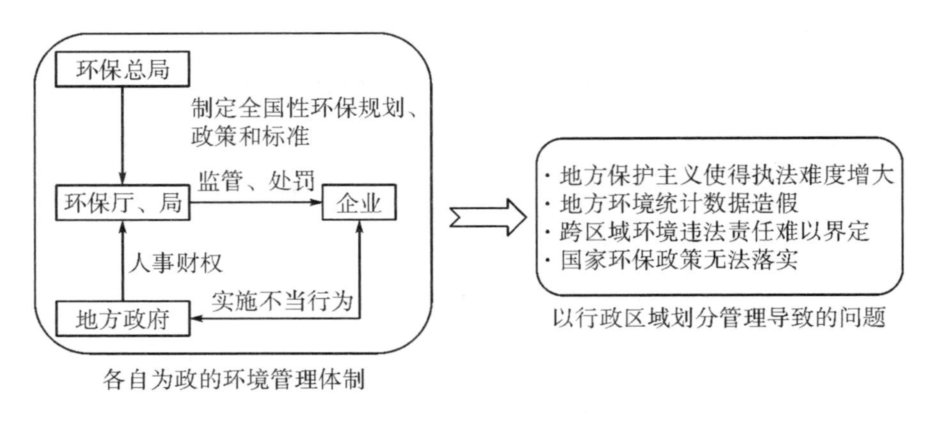


**图 3-2　中国 2002 年以前的环境管理体制及其问题**

但当时全国正处于追求经济高速发展的时期，地方领导对经济发展十分看重且与当地企业来往甚密，地方环保部门的人事财权往往受到地方政府的管辖，使得地方环保部门的执法力度受限，国家环保政策无法贯彻落地。同时，依据行政区域进行环境保护管理，无法确定跨区域环境违法案件的责任归属，这使得环境问题日益突出。

## 二、区域环保督查阶段

第二个阶段仍然以企业为被监督主体，但开始逐步建立区域环保督查制度。为了增强对地方环境保护部门的监督与管理，我国原环保总局（现生态环境部）自 2002 年起，开始以地理区域为单位增设派出机构，逐步设立六大区域督查中心，建立区域环保督查机制。

如表 3-1 所示，我国于 2002 年 6 月首先建立华东、华南两个试点区域督查中心。环保总局在这两个试点区域督查中心运行4年后即2006年7月印发《总局环境保护督查中心组建方案》并正式设立华东环境保护督查中心、华南环境保护督查中心、西北环境保护督查中心、西南环境保护督查中心、东北环境保护督查中心；之后于2008年12月正式增设华北环境保护督查中心。至此实现了全国31省（区、市）的区域环保督查全覆盖。

**表3-1 我国六大区域环境保护督查中心设立情况**

| 区域环保督查中心 | 办公时间 | 办公地点 | 监管区域 |
|---|---|---|---|
| 华东 | 2002年6月设立试点<br>2006年7月正式成立 | 南京 | 上海、江苏、浙江、安徽、福建、江西、山东 |
| 华南 | | 广州 | 湖北、湖南、广东、广西、海南 |
| 西北 | 2006年10月 | 西安 | 陕西、甘肃、青海、宁夏、新疆 |
| 西南 | 2006年12月 | 成都 | 重庆、四川、贵州、云南、西藏 |
| 东北 | 2006年12月 | 沈阳 | 辽宁、吉林、黑龙江 |
| 华北 | 2008年12月 | 北京 | 北京、天津、河北、山西、河南、内蒙古 |

资料来源：根据生态环境部网站与中华人民共和国中央人民政府网站整理。

设立六大区域督查中心后，国务院开展并督办了“整治违法排污企业，保障群众健康环保”等专项活动。之后根据2007年国务院印发的《节能减排综合性工作方案》，区域督查中心又增加了核查、核算企业主要污染物排放总量的工作任务。总体来说，针对所辖地域，区域环保督查中心的主要职责在于：

（1）监督国家环境政策、法规、标准在各地方的执行情况；

（2）查办所辖区域重大环境污染与生态破坏案件；

（3）督查重特大突发环境事件应急响应与处理的情况；

（4）承办或参与环境执法稽查工作；

（5）对重点污染源和国家审批建设项目“三同时”执行情况进行督查；

（6）对国家重要生态功能保护区以及国家级自然保护区（森林公园、风景名胜区）的环境执法情况进行督查；

（7）负责协调、处理跨省区域和流域重大环境纠纷；

（8）负责受理、协调跨省区域和流域的环境污染与生态破坏案件的来访投诉；

（9）处理其他工作。

## 三、环保综合督查阶段

第三阶段是在“督企”的基础上尝试并积累“督政”经验。原环保部（现生态环境部）自2013年开始对地方启动环保综合督查。首次试点选择了经济发展与生态保护矛盾较为突出的老型工业城市——湖南省株洲市，由华南督查中心于2013年5月8日启动、推进为期6个月的综合督查工作。图3-3为环保综合督查的基本工作模式。

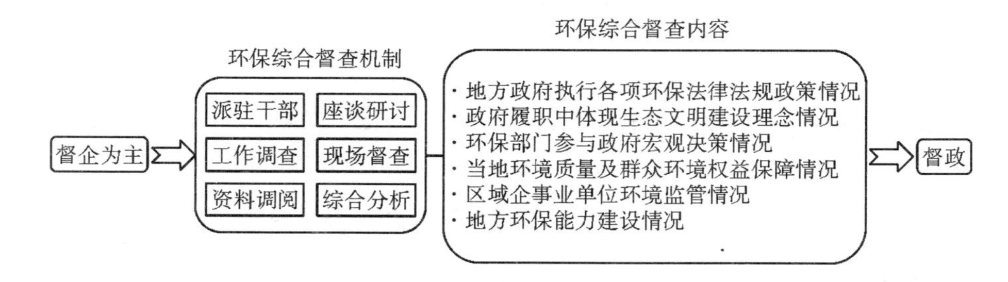


**图3-3　区域环保督查中心环保综合督查模式**

试点工作取得了显著成效，环保综合督查改变了以往“环境保护只是环境问题”且只查企业的工作思路和工作模式，首次将环境督查的对象由企业转移到地方党政机关，开始关注地方党委、政府与各相关部门在环境问题中的管理角色，着眼于管理部门对国家环保政策的贯彻落实情况，是国家环保工作的一次重要的创新与尝试。此后环保部印发了《环境保护部综合督查工作暂行办法》（环办〔2014〕113号文件，已于2019年6月废止），六大区域环保督查中心据此陆续针对十多个省（区、市）开展了环保综合督查工作。

2017 年 11 月 23 日起，原环保部的六大环境保护督查中心正式更名为环境保护部华北、华东、华南、西北、西南、东北督察局，由中央编办批复从事业单位转为环保部的派出行政机构。至此便解决了原环境保护督查中心执法权限不足的问题，同时督察局还有一个重要的职能便是开始承担与中央环保督察有关的工作。

## 四、“党政同责”制度建立阶段

区域环保督查中心属于原环保部的下属事业单位机构，虽然能够处理跨省辖区的环境争议，但由于督查机制的问题，环境的改善仍然存在着困境与障碍。在行政体制下地方环保执法部门同时受到原环保部与当地政府的双重领导，因此地方环境执法部门在执法过程中容易受到当地政府意志的影响。如果地方政府对环保问题不够重视，环保执法力度便无法得到保障。因此仍需要在区域环保督查的基础上，从当地政府对环保工作的支持角度加大执法力度。

在区域环保督查中心实行环保综合督查后，我国逐步积累了针对党政领导干部所辖地区的生态环境综合质量进行监督的“督政”经验。因此第四阶段是自 2015 年起逐步确立“党政同责”制度，并开展了以“生态问责”为核心特征的中央环保督察系列行动。表 3-2 整理了各项相关制度的印发时间及其关键内容。

**表 3-2　生态问责制度建立的法律法规依据**

| 制度名称 | 印发时间 | 主要内容 |
| --- | --- | --- |
| 《中华人民共和国环境保护法》 | 2015. 01 | 明确了政府对环境保护的监督管理职责，对于履职缺位和不到位的官员，规定了处罚措施（中国政府网：http://www.gov.cn/xinwen/2014-04/25/content_2666328. htm） |

表3-2(续)

| 制度名称 | 印发时间 | 主要内容 |
| --- | --- | --- |
| 《关于加快推进生态文明建设的意见》 | 2015.05 | 明确建立领导干部任期生态文明建设责任制，完善节能减排目标责任考核及问责制度<br>（中国政府网：http://www.gov.cn/xinwen/2015-05/05/content_2857363.htm） |
| 《环境保护督察方案（试行）》 | 2015.07 | 为中央生态环境保护督察给出了一个初步可操作方案（目前为保密文件，无公开全文） |
| 《关于开展领导干部自然资源资产离任审计的试点方案》 | 2015.07 | 对被审计领导干部任职期间履行自然资源资产管理和生态环境保护责任情况进行审计评价，界定领导干部应承担的责任<br>（无公开全文。中国政府网：http://www.gov.cn/xinwen/2015-11/09/content_2962921.htm） |
| 《生态环境监测网络建设方案》 | 2015.08 | 对今后一个时期我国生态环境监测网络建设作出了全面规划和部署。同时要求明晰各级政府和企业生态环境监测事权与责任<br>（中国政府网：http://www.gov.cn/zhengce/content/2015-08/12/content_10078.htm） |
| 《党政领导干部生态环境损害责任追究办法（试行）》 | 2015.08 | 指出党政领导干部生态环境损害责任追究，坚持依法依规、客观公正、科学认定、权责一致、终身追究的原则<br>（中国政府网：http://www.gov.cn/xinwen/2015-08/17/content_2914417.htm） |
| 《生态文明体制改革总体方案》 | 2015.09 | 强调完善生态文明绩效评价考核和责任追究制度，建立生态环境损害责任终身追究制，建立国家环境保护督察制度<br>（中国政府网：http://www.gov.cn/guowuyuan/2015-09/21/content_2936327.htm） |
| 《中国共产党问责条例》 | 2016.07 | 规定在推进生态文明建设中领导不力，出现重大失误，给党的事业和人民利益造成严重损失，产生恶劣影响的应当予以问责（2019年修订版）<br>（中国政府网：http://www.gov.cn/zhengce/2019-09/04/content_5427269.htm） |

表3-2(续)

| 制度名称 | 印发时间 | 主要内容 |
| --- | --- | --- |
| 《关于省以下环保机构监测监察执法垂直管理制度改革试点工作的指导意见》 | 2016.09 | 强化了地方党委、政府及其相关部门的环境保护责任，把生态环境质量状况作为党政领导班子考核评价的重要内容，增强了环境监测监察执法的独立性、统一性、权威性和有效性（中国政府网：http://www.gov.cn/zhengce/2016-09/22/content_5110853.htm） |
| 《生态文明建设目标评价考核办法》 | 2016.12 | 规定生态文明建设目标评价考核实行“党政同责”，地方党委和政府领导成员生态文明建设“一岗双责”（中国政府网：http://www.gov.cn/xinwen/2016-12/22/content_5151555.htm） |
| 《中央生态环境保护督察工作规定》 | 2019.06 | 对《环境保护督察方案（试行）》的进一步细化与提升。首次以党内法规的形式确立了督察基本制度的框架、程序规范、权限责任等（中国政府网：http://www.gov.cn/zhengce/2019-06/17/content_5401085.htm） |
| 《生态环境保护综合行政执法事项指导目录（2020年版）》 | 2020.03 | 主要梳理规范生态环境保护领域依据法律、行政法规设定的行政处罚和行政强制事项，以及部门规章设定的警告、罚款的行政处罚事项，并将按程序进行动态调整。坚持有权必有责、有责要担当、失责必追究，逐一厘清与行政执法权相对应的责任事项，明确责任主体、问责依据、追责情形和免责事由，健全问责机制。严禁以属地管理为名将执法责任转嫁给基层。对不按要求履职尽责的单位和个人，依纪依法追究责任（中国政府网：http://www.gov.cn/zhengce/zhengceku/2020-03/26/content_5495865.htm） |

注：资料来源于中国政府网，表格由作者汇总整理，除特别注释外括号内为全文网址。

2015年1月《中华人民共和国环境保护法》做出新的修订，明确了各级人民政府及其他相关环保监督管理部门的环保监督职责，并对履职不当与缺位的干部规定了处罚措施，被称为“史上最严环保法”。同年5月《关于加快推进生态文明建设的意见》发布，党政领导干部任期生态文明建设责任制开始明确。

2015 年 8 月《党政领导干部生态环境损害责任追究办法（试行）》发布，明确“权责一致、终身追究”原则；9 月印发《生态文明体制改革总体方案》，建立国家环境保护督察制度；年底成立中央环保督察组，开启首轮入驻地方督察行动，接收群众举报，约谈、问责大量官员并对违规企业进行严厉处罚，为地方政府与企业带来了巨大的环境政治压力。

2016 年 7 月《中国共产党问责条例》印发，规定生态文明建设中领导不力应予以问责；同年 9 月公布《关于省以下环保机构监测监察执法垂直管理制度改革试点工作的指导意见》，将生态环境质量状况作为党政领导班子考核评价的重要内容；12 月印发《生态文明建设目标评价考核办法》，提出生态文明建设目标考核采取“党政同责”“一岗双责”的原则，即地方党委与政府机关需要在生态环境上承担同样的责任，除了承担自身岗位职责，还需承担环境保护的管理与监管责任。

依法治国要求社会的各方面活动都依据体现人民意志和社会发展规律的法律法规进行，而非依照个人或少数人的主观意愿进行。生态文明建设关乎人类社会的可持续发展，更需要法治的保驾护航。以上系列制度逐步确立的“党政同责”“一岗双责”原则为后续的中央生态环境保护督察工作提供了有效的工作指导方案与执法依据。

## 第二节　中央环保督察机制及成效

### 一、中央环保督察机制

在逐步积累“督政”经验后，针对地方执法力度无法保障的痛点，我国开始建立中央环保督察机制。2015 年 7 月 1 日中央全面深化改革领导小组第十四次会议审议通过了《环境保护督察方案（试行）》（以下简称

《方案》），给出了环保督察可供执行的初步方案，要求地方党委、政府对环境保护要“党政同责”“一岗双责”。《方案》印发后，原来由原环保部牵头的督查工作改为由中央牵头，将原来以监督企业为主的工作模式转变为监督党政机关领导的工作模式，并推进环保督察的常态化建设，有效抑制地方政府对环保管理工作的不当影响。这是我国环保管理机制一次重大的改革创新。

### （一）中央领导制：督察工作组的成员构成

中央环保督察工作为了保障对地方党政干部的监督效力，首先要建立起具有坚定的中央生态文明建设意志的工作团队。为此，2015 年《方案》印发后我国逐步成立了“央字头”的中央环保督察组，在 2019 年《中央生态环境保护督察工作规定》印发后，该小组正式命名为中央生态环境保护督察工作领导小组。

首轮督察分四个批次陆续开展，每个批次分多个小组分别负责一个省（区、市）。中央环保督察组成员构成贯彻了中央领导制原则。除了首次对河北省的试点工作中组长由原环境保护部副部长担任外，后续开展的四批督察工作的组长均由全国人大、全国政协各专门委员会主任或副主任担任，而副组长均由时任生态环境部（原环保部）副部级干部担任，督察组成员则均来自中央组织部、中央纪委、生态环境部等。

区别于以往仅在环保部门系统内层层推进的环境管理工作，在中央环保督察中生态环境部不再是唯一的上级主导部门，督察组中加入了中央组织部、中央纪委、全国人大等部门的领导，并且其组内职务高于生态环境部成员，代表了党中央、国务院的直接意志，加大了对地方党委、政府的监管力度。

### （二）长效机制：运动式执法督察

首轮中央生态环境保护督察始于《方案》的发布，在试点后持续两年分四批完成了对 31 省（区、市）的环保督察工作全覆盖，在入驻期间边督边改，严格查处群众举报案件并向社会公开，及时向各省（区、市）党委、政府反馈督察意见，指出目前尚存的仍需改进的主要问题，移交生态环境损害行为的责任追究问题。

2018 年 5 月起又分两批对 20 个省（区、市）开展了环保“回头看”活动，并且同步开展了环境保护专项督察行动。按照党中央和国务院的要求，在“回头看”督察过程中严格坚持问题导向、坚持以人民为中心、坚持边督察边公开、坚持严格规范、坚决禁止“一刀切”。对第一轮环保督察中依然敷衍整改的企业进行严格监督，在突出典型反面案例的同时也注重对取得积极成效的地区进行客观评价。

继“回头看”后，2019 年 8 月紧接着开始了第二轮中央环保督察行动，截至 2021 年 5 月已陆续开展了三批行动。第二轮中央环保督察除了汲取以往对各省（区、市）的督察经验，还对中国化工集团有限公司、中国铝业集团有限公司等中央企业进行入驻督察，并对国家林业和草原局、国家能源局等部门进行试点督察，扩大了中央环保督察的对象范围。

各省委、省政府在此机制的导向下也根据《方案》陆续审议通过了各省的试行方案，并对辖区内各市、区开展了环保督察行动。由此环保督察的一系列行动逐步成为保护环境的长效机制，在反复多轮的督察行动中将生态文明建设的高标准要求逐步常态化。

## 二、首轮中央环保督察成果统计

首轮中央生态环境保护督察处于逐步尝试与摸索阶段，因此党中央、国务院首先于 2015 年 12 月 31 日对河北省展开试点督察。在试点督察后，经过总结与调整，党中央、国务院于 2016 年 7 月 12 日至 7 月 19 日针对宁夏、广西、江西、内蒙古、江苏、云南、河南、黑龙江正式开始了第一批中央环保督察工作入驻；于 2016 年 11 月 12 日至 11 月 30 日针对重庆、湖北、广东、陕西、上海、北京、甘肃开始了第二批中央环保督察工作入驻；于2017年4月24日至4月28日针对福建、湖南、辽宁、贵州、安徽、山西、天津开始了第三批中央环保督察工作入驻；于2017年8月7日至8月15日针对四川、青海、海南、山东、吉林、新疆、浙江、西藏开始了第四批中央环保督察工作入驻。

表3-3整理汇总了首轮中央环保督察31省（区、市）的问责数据。持续两年的中央环保督察取得了显著成效，督察组总计交办群众环境问题104 541件，责令整改82 843家企业，立案处罚28 572家企业，拘留1 527人，约谈18 419人，问责18 040人。

**表3-3　首轮中央环保督察31省（区、市）情况表**

| 被督察地区 | 入驻时间 | 交办环境举报数量/件 | 责令整改/家 | 立案处罚/家 | 罚款/万元 | 拘留/人 | 约谈/人 | 问责/人 |
|---|---|---|---|---|---|---|---|---|
| 河北 | 2015-12-31—02-04 | 2 856 | 200 | 125 | – | 123 | 65 | 366 |
| 宁夏 | 2016-07-12—08-12 | 476 | 179 | 57 | – | 8 | 35 | 105 |
| 广西 | 2016-07-14—08-14 | 2 341 | 1 739 | 176 | – | 10 | 204 | 351 |
| 江西 | 2016-07-14—08-14 | 1 050 | 777 | 224 | – | 57 | 220 | 124 |
| 内蒙古 | 2016-07-14—08-14 | 1 637 | 362 | 206 | – | 57 | 238 | 280 |
| 江苏 | 2016-07-15—08-15 | 2 451 | 2 712 | 1 384 | 9 750 | 108 | 618 | 449 |
| 云南 | 2016-07-15—08-15 | 1 234 | 515 | 189 | – | 11 | 681 | 322 |
| 河南 | 2016-07-16—08-16 | 2 682 | 1 614 | 188 | – | 31 | 148 | 1 231 |
| 黑龙江 | 2016-07-19—08-19 | 2 020 | 1 034 | 220 | – | 28 | 32 | 560 |
| 重庆 | 2016-11-24—12-24 | 1 824 | 1 427 | 467 | – | 16 | 64 | 40 |
| 湖北 | 2016-11-26—12-26 | 1 925 | 917 | 359 | – | 28 | 945 | 522 |
| 广东 | 2016-11-28—12-28 | 4 350 | 6 248 | 3 346 | 13 800 | 118 | 1 252 | 684 |
| 陕西 | 2016-11-28—12-28 | 1 309 | 222 | 363 | – | 26 | 492 | 938 |
| 上海 | 2016-11-28—12-28 | 1 893 | 895 | 926 | 6 211 | 17 | 545 | 56 |
| 北京 | 2016-11-29—12-29 | 2 346 | 1 220 | 188 | – | 28 | 624 | 45 |
| 甘肃 | 2016-11-30—12-30 | 1 984 | 1 255 | 661 | – | 32 | 744 | 836 |
| 福建 | 2017-04-24—05-24 | 4 903 | 5 368 | 1 763 | 5 284-6 | 31 | 991 | 444 |

表3-3(续)

| 被督察地区 | 入驻时间 | 交办环境举报数量/件 | 责令整改/家 | 立案处罚/家 | 罚款/万元 | 拘留/人 | 约谈/人 | 问责/人 |
|---|---|---|---|---|---|---|---|---|
| 湖南 | 2017-04-24—05-24 | 4 583 | 4 024 | 1 203 | 6 351-1 | 174 | 1 382 | 1 359 |
| 辽宁 | 2017-04-25—05-25 | 6 991 | 3 482 | 1 706 | 6 928-4 | 32 | 581 | 850 |
| 贵州 | 2017-04-26—05-26 | 3 453 | 1 496 | 702 | 5 665-5 | 32 | 1 170 | 321 |
| 安徽 | 2017-04-27—05-27 | 3 719 | 3 113 | 803 | 2 635-2 | 63 | 637 | 476 |
| 山西 | 2017-04-28—05-28 | 3 582 | 2 485 | 856 | 7 179-7 | 61 | 1 589 | 1 071 |
| 天津 | 2017-04-28—05-28 | 4 226 | 4 331 | 1 654 | 2 622-7 | 12 | 307 | 139 |
| 四川 | 2017-08-07—09-07 | 8 966 | 9 473 | 2 268 | 4 935 | 48 | 1 294 | 1 293 |
| 青海 | 2017-08-08—09-8 | 2 299 | 2 021 | 47 | 380 | 30 | 195 | 184 |
| 海南 | 2017-08-10—09-10 | 2 358 | 1 718 | 529 | 3 868 | 49 | 392 | 291 |
| 山东 | 2017-08-10—09-10 | 8 170 | 10 073 | 1 471 | 10 000 | 76 | 1 186 | 1 268 |
| 吉林 | 2017-08-11—09-11 | 8 066 | 3 568 | 772 | 2 248 | 50 | 614 | 1 324 |
| 新疆 | 2017-08-11—09-11 | 2 905 | 2 182 | 548 | 6 820 | 25 | 163 | 1 613 |
| 浙江 | 2017-08-11—09-11 | 6 920 | 7 311 | 4 387 | 23 000 | 144 | 779 | 350 |
| 西藏 | 2017-08-15—09-15 | 1 022 | 882 | 784 | 2 787 | 2 | 232 | 148 |

注：资料来源为作者依据生态环境部官方网站披露的对各省（区、市）首轮中央环保督察反馈报告汇总整理。部分省份缺失罚款金额原因为反馈报告中未披露。

## 三、中央环保督察“回头看”成果统计

为了保持中央环保督察的长期效果，避免敷衍整改与“一刀切”的状况，持续施加中央压力监督地方的环境管理工作，经党中央、国务院批准，中央生态环境保护督察组分两批持续对20省（区、市）开展了“回头看”行动。各省（区、市）的“回头看”情况明细如表3-4所示。

**表 3-4　中央环保督察 20 省（区）“回头看”情况表**

| 被督察对象 | 约谈/人 | 问责/人 | 收到举报数量/件 | | | 受理举报数量/件 | | | 交办数量/件 | 已办结/件 | | | 责令整改/家 | 罚款金额/万元 | 立案处罚/家 | 立案侦查/件 | 拘留/人 | | 入驻时间（为期1月） |
|---|---|---|---|---|---|---|---|---|---|---|---|---|---|---|---|---|---|---|---|
| | | | 来电 | 来信 | 合计 | 来电 | 来信 | 合计 | | 属实 | 不属实 | 合计 | | | | | 行政 | 刑事 | |
| 黑龙江 | 47 | 142 | 4 101 | 1 615 | 5 716 | 3 197 | 1 190 | 4 387 | 4 387 | 3 091 | 495 | 3 586 | 2 019 | 3 209. 25 | 177 | 26 | 5 | 5 | 2018-05-30 |
| 河北 | 77 | 462 | 3 218 | 1 877 | 5 095 | 3 131 | 1 589 | 4 720 | 4 720 | 3 370 | 642 | 4 012 | 3 012 | 3 046. 24 | 569 | 47 | 48 | 29 | 2018-05-31 |
| 河南 | 346 | 1 015 | 3 555 | 3 255 | 6 810 | 2 977 | 2 500 | 5 477 | 5 477 | 3 859 | 662 | 4 521 | 2 154 | 1 482. 21 | 271 | 53 | 28 | 7 | 2018-06-01 |
| 江西 | 72 | 198 | 2 113 | 690 | 2 803 | 1 870 | 648 | 2 518 | 2 518 | 2 075 | 307 | 2 382 | 2 216 | 5 307. 99 | 485 | 45 | 15 | 25 | 2018-06-01 |
| 宁夏 | 108 | 195 | 1 995 | 424 | 2 419 | 1 937 | 287 | 2 224 | 1 339 | 1 091 | 114 | 1 205 | 941 | 2 146. 31 | 274 | 14 | 3 | 0 | 2018-06-01 |
| 江苏 | 425 | 307 | 3 442 | 1 807 | 5 249 | 2 685 | 1 181 | 3 866 | 3 866 | 3 097 | 244 | 3 341 | 3 392 | 23 996. 08 | 1 401 | 24 | 8 | 62 | 2018-06-05 |
| 云南 | 686 | 808 | 2 411 | 607 | 3 018 | 1 485 | 474 | 1 959 | 1 959 | 1 450 | 172 | 1 622 | 998 | 2 440. 80 | 880 | 24 | 20 | 8 | 2018-06-05 |
| 广东 | 426 | 466 | 2 952 | 3 405 | 6 357 | 2 844 | 3 195 | 6 039 | 5 849 | 3 245 | 451 | 3 696 | 4 364 | 6 492. 90 | 1 298 | 60 | 22 | 140 | 2018-06-05 |
| 内蒙古 | 219 | 444 | 2 307 | 1 261 | 3 568 | 1 889 | 656 | 2 545 | 2 545 | 699 | 243 | 942 | 1 672 | 2 485. 03 | 295 | 78 | 10 | 3 | 2018-06-06 |
| 广西 | 413 | 268 | 2 965 | 1 989 | 4 954 | 2 630 | 1 800 | 4 430 | 4 430 | 2 379 | 390 | 2 769 | 1 793 | 455. 51 | 59 | 34 | 13 | 13 | 2018-06-07 |
| 安徽 | 162 | 39 | 1 988 | 1 045 | 3 033 | 1 743 | 783 | 2 526 | 2 526 | 924 | 377 | 1 301 | 997 | 1 090. 86 | 215 | 5 | 6 | 6 | 2018-10-31 |
| 湖北 | 470 | 90 | 2 792 | 728 | 3 520 | 2 335 | 507 | 2 842 | 2 842 | 1 904 | 425 | 2 329 | 706 | 2 459. 59 | 202 | 22 | 8 | 5 | 2018-10-30 |
| 湖南 | 208 | 191 | 3 550 | 1 926 | 5 476 | 2 842 | 1 384 | 4 226 | 4 226 | 3 207 | 497 | 3 704 | 1 509 | 1 572. 13 | 295 | 26 | 9 | 12 | 2018-10-30 |
| 山东 | 52 | 361 | 3 609 | 2 306 | 5 915 | 3 215 | 1 667 | 4 882 | 4 882 | 3 437 | 418 | 3 855 | 3 399 | 4 766. 80 | 418 | 8 | 4 | 2 | 2018-11-01 |
| 陕西 | 222 | 375 | 3 066 | 593 | 3 659 | 1 532 | 593 | 2 125 | 1 711 | 1 155 | 243 | 1 398 | 606 | 2 218. 60 | 212 | 12 | 0 | 6 | 2018-11-03 |
| 四川 | 180 | 160 | 2 386 | 2 023 | 4 409 | 2 077 | 1 588 | 3 665 | 3 665 | 2 138 | 402 | 2 540 | 1 523 | 322. 59 | 511 | 11 | 2 | 3 | 2018-11-03 |
| 贵州 | 168 | 105 | 2 256 | 739 | 2 995 | 2 119 | 562 | 2 681 | 2 681 | 1 798 | 71 | 1 869 | 1 132 | 2 031. 80 | 277 | 18 | 1 | 11 | 2018-11-04 |
| 辽宁 | 97 | 237 | 4 049 | 5 713 | 9 762 | 2 830 | 3 936 | 6 766 | 6 766 | 3 339 | 652 | 3 991 | 1 472 | 3 154. 45 | 543 | 55 | 2 | 4 | 2018-11-04 |
| 吉林 | 48 | 315 | 3 642 | 4 089 | 7 731 | 2 694 | 3 100 | 5 794 | 5 794 | 3 290 | 1 046 | 4 336 | 496 | 1 820. 94 | 156 | 20 | 1 | 2 | 2018-11-05 |
| 山西 | 197 | 304 | 2 058 | 1 003 | 3 061 | 1 894 | 732 | 2 626 | 2 586 | 1 223 | 327 | 1 550 | 400 | 1 976. 58 | 162 | 9 | 1 | 3 | 2018-11-06 |

注：表中数据为中央环保督察“回头看”的边督边改数据，督察时间为 1 个月，在入驻该地区期满后仍有可能存在部分未完成案件等待后续的查办处理，表中第一批“回头看”地区（河北、河南、广东、内蒙古、江西、广西、黑龙江、云南、宁夏、江苏）数据截至 2018 年 7 月 7 日；第二批“回头看”地区（辽宁、四川、安徽、吉林、湖北、山东、山西、贵州、湖南、陕西）数据截至 2018 年 12 月 6 日。

第一批：http://www.mee.gov.cn/gkml/sthjbgw/qt/201807/t20180709_446306.htm

第二批：http://www.mee.gov.cn/xxgk2018/xxgk/xxgk15/201812/t20181208_680881.html

资料来源：由生态环境部官网政府信息公开汇总。

第一批“回头看”派出了6个中央生态环境保护督察组，自2018年5月30日至6月7日，针对河北、河南、广东、内蒙古、江西、广西、黑龙江、云南、宁夏、江苏10个省（区）陆续进驻督察。截至7月7日，第一批“回头看”行动总计收到45 989件举报案件，受理举报38 165件，约谈2 819人，问责4 305人，责令整改22 561家企业，立案处罚5 709家企业，总计罚款达51 062.32万元。

第二批“回头看”派出了5个中央生态环境保护督察组，自2018年10月31日至11月6日，针对辽宁、四川、安徽、吉林、湖北、山东、山西、贵州、湖南、陕西10个省陆续进驻督察。截至12月6日，第二批“回头看”行动总计收到49 561件举报案件，受理举报38 133件，约谈1 804人，问责2 177人，责令整改12 240家企业，立案处罚2 991家企业，总计罚款达21 414.34万元。

生态文明建设是一个系统性的战略，中央环保督察制度也是我国的重大创新举措，因此及时开展“回头看”行动，对前一阶段的工作查漏补缺，总结成败得失，才能推进环保整改深入进行，夯实基础。严格地“回头看”才能使以后更好地“向前走”，有效地消除面对环保督察时的“赶进度”现象以及督察之后的“松口气”思想。

### 四、第二轮中央环保督察成果统计

根据我国的生态文明战略目标（2021年全国生态环保工作会议内容），我国将在2030年前争取实现二氧化碳排放达峰，在2060年前力争实现碳中和的愿景。中央环保督察作为我国的重要创新举措取得了显著的成效，也得到了习近平主席的高度重视。因此中央生态环境保护督察不能只是短期的临时性行动，而将是一个长期性的常态化的工作模式。

2019年7月党中央、国务院启动了第二轮入驻巡视行动，坚决将中央环保督察进行到底，推进生态文明建设稳步前行。第二轮第一批中央环保督察分 8 个督察组于 2019 年 7 月 10 日至 7 月 15 日陆续进驻重庆、海南、甘肃、上海、福建、青海和中国化工集团有限公司、中国五矿集团有限公司开展督察；第二轮第二批中央环保督察分 7 个督察组于 2020 年 8 月 31 日进驻北京、天津、浙江、中国铝业集团有限公司、中国建材集团有限公司、国家能源局、国家林业和草原局开展督察；第二轮第三批中央环保督察分 8 个督察组于 2021 年 4 月 6 日至 4 月 9 日陆续进驻河南、湖南、山西、辽宁、安徽、江西、广西、云南开展督察。

截至 2021 年 4 月 28 日，第二轮中央环保督察入驻已完成三批，被督察对象也不仅仅针对各省（区、市），还扩展到了部分中央企业以及国家能源局等行政部门。目前累计收到举报 69 730 件，受理 55 578 件，交办 48 455 件，已办结 17 305 件；立案整改了 15 998 家企业，处罚金额累计达到了 31 568.74 万元，共拘留 161 人，约谈 2 701 人，问责 710 人。各省（区、市）的第二轮中央环保督察具体数据见表 3-5。

表 3-5　第二轮中央环保督察情况汇总表

| 被督察对象 | 收到举报数量/件 | | | 受理举报数量/件 | | | 交办数量/件 | 已办结/件 | | | 阶段办结/件 | 责令整改/家 | 立案处罚/家 | 罚款金额/万元 | 立案侦查/件 | 拘留/人 | | 约谈/人 | 问责/人 |
|---|---|---|---|---|---|---|---|---|---|---|---|---|---|---|---|---|---|---|---|
| | 来电 | 来信 | 合计 | 来电 | 来信 | 合计 | | 属实 | 不属实 | 合计 | | | | | | 行政 | 刑事 | | |
| 上海 | 2 017 | 2 289 | 4 306 | 1 590 | 1 765 | 3 355 | 2 481 | 793 | 288 | 1 081 | 506 | 1 072 | 544 | 5 484. 30 | 1 | 3 | 3 | 321 | 10 |
| 福建 | 2 863 | 4 753 | 7 616 | 2 524 | 3 305 | 5 829 | 4 386 | 472 | 157 | 629 | 2 341 | 1 981 | 689 | 2 684. 80 | 30 | 1 | 13 | 298 | 30 |
| 海南 | 2 206 | 1 992 | 4 198 | 2 024 | 1 929 | 3 953 | 3 858 | 492 | 202 | 694 | 227 | 620 | 68 | 509. 50 | 8 | 17 | 1 | 71 | 7 |
| 重庆 | 2 322 | 1 977 | 4 299 | 2 292 | 1 557 | 3 849 | 3 849 | 1 558 | 259 | 1 817 | 606 | 1 077 | 378 | 1 277. 90 | 4 | 1 | 6 | 327 | 23 |
| 甘肃 | 2 590 | 1 301 | 3 891 | 1 573 | 1 015 | 2 588 | 2 588 | 1 463 | 186 | 1 649 | 258 | 929 | 184 | 729. 90 | 11 | 5 | 6 | 234 | 114 |
| 青海 | 1 045 | 455 | 1 500 | 1 020 | 292 | 1 312 | 1 204 | 427 | 178 | 605 | 179 | 130 | 38 | 622. 30 | 6 | 0 | 0 | 107 | 42 |
| 中国五矿 | 385 | 25 | 410 | 52 | 10 | 62 | 37 | 14 | 21 | 35 | 1 | 0 | 0 | 0 | 0 | 0 | 0 | 0 | 0 |
| 中国化工 | 527 | 31 | 558 | 322 | 7 | 329 | 329 | 236 | 15 | 251 | 1 | 0 | 0 | 0 | 0 | 0 | 0 | 7 | 8 |
| 北京 | 2 119 | 1 051 | 3 170 | 1 801 | 704 | 2 505 | 2 196 | 685 | 52 | 737 | 574 | 214 | 92 | 164. 11 | 4 | 0 | 5 | 99 | 11 |
| 天津 | 1 775 | 2 575 | 4 350 | 1 253 | 1 624 | 2 877 | 2 775 | 1 160 | 172 | 1 332 | 741 | 533 | 174 | 1 040. 1 | 4 | 25 | 6 | 3 | 30 |
| 浙江 | 2 905 | 3 697 | 6 602 | 2 462 | 3 256 | 5 718 | 4 570 | 2 444 | 141 | 2 585 | 977 | 2 367 | 718 | 6 666. 60 | 26 | 1 | 3 | 242 | 34 |
| 中国铝业 | 414 | 27 | 441 | 314 | 16 | 330 | 330 | 144 | 12 | 156 | 146 | 0 | 0 | 0 | 0 | 0 | 0 | 2 | 19 |
| 中国建材 | 83 | 15 | 98 | 23 | 4 | 27 | 18 | 8 | 7 | 15 | 1 | 0 | 0 | 0 | 0 | 0 | 0 | 8 | 0 |
| 国家能源局 | 153 | 45 | 198 | 71 | 31 | 102 | 102 | 67 | 8 | 75 | 0 | 0 | 0 | 0 | 0 | 0 | 0 | 0 | 0 |
| 国家林草局 | 323 | 125 | 448 | 226 | 85 | 311 | 311 | 104 | 61 | 165 | 66 | 72 | 16 | 34. 76 | 23 | 6 | 4 | 1 | 10 |
| 山西 | 1 719 | 813 | 2 532 | 1 600 | 591 | 2 191 | 2 072 | 616 | 35 | 651 | 323 | 244 | 189 | 1 829. 55 | 5 | 1 | 0 | 76 | 60 |
| 辽宁 | 2 629 | 2 883 | 5 512 | 1 757 | 1 384 | 3 141 | 3 141 | 961 | 189 | 1 150 | 139 | 186 | 84 | 574. 10 | 1 | 0 | 0 | 24 | 18 |

表3-5(续)

| 被督察对象 | 收到举报数量/件 | | | 受理举报数量/件 | | | 交办数量/件 | 已办结/件 | | | 阶段办结/件 | 责令整改/家 | 立案处罚/家 | 罚款金额/万元 | 立案侦查/件 | 拘留/人 | | 约谈/人 | 问责/人 |
|---|---|---|---|---|---|---|---|---|---|---|---|---|---|---|---|---|---|---|---|
| | 来电 | 来信 | 合计 | 来电 | 来信 | 合计 | | 属实 | 不属实 | 合计 | | | | | | 行政 | 刑事 | | |
| 安徽 | 2 061 | 1 363 | 3 424 | 1 791 | 1 142 | 2 933 | 2 364 | 643 | 74 | 717 | 56 | 990 | 144 | 344.77 | 2 | 3 | 9 | 321 | 20 |
| 江西 | 1 771 | 1 339 | 3 110 | 1 670 | 1 090 | 2 760 | 2 299 | 517 | 113 | 630 | 934 | 1 831 | 229 | 2 277.29 | 27 | 5 | 9 | 190 | 6 |
| 河南 | 1 618 | 2 052 | 3 670 | 1 556 | 1 697 | 3 253 | 2 555 | 695 | 118 | 813 | 302 | 294 | 222 | 1 473.13 | 13 | 4 | 0 | 69 | 191 |
| 湖南 | 2 295 | 1 888 | 4 183 | 1 903 | 1 469 | 3 372 | 2 670 | 496 | 205 | 701 | 1 969 | 859 | 137 | 538.51 | 25 | 4 | 6 | 69 | 62 |
| 广西 | 1 571 | 1 332 | 2 903 | 1 532 | 1 142 | 2 674 | 2 213 | 253 | 19 | 272 | 622 | 1 950 | 108 | 4 480.55 | 11 | 0 | 14 | 19 | 6 |
| 云南 | 1 491 | 820 | 2 311 | 1 439 | 668 | 2 107 | 2 107 | 402 | 143 | 545 | 118 | 649 | 262 | 836.57 | 1 | 0 | 0 | 213 | 9 |

注：表中数据为第二轮中央环境保护督察的边督边改数据，督察时间为1个月，在入驻该地区期满后仍有可能存在部分未完成案件等待后续的查办处理，表中第二轮第一批被督察对象（重庆、甘肃、上海、福建、海南、青海、中国化工集团有限公司、中国五矿集团有限公司）数据截至2019年8月15日；第二轮第二批被督察对象（北京、天津、浙江、中国铝业集团有限公司、中国建材集团有限公司、国家能源局、国家林业和草原局）数据截至2020年10月1日；第二轮第三批被督察对象（河南、湖南、山西、辽宁、安徽、江西、广西、云南）数据截至2021年4月28日。

第二轮第一批：http://www.mee.gov.cn/xxgk2018/xxgk/xxgk15/201908/t20190822_729734.html

第二轮第二批：http://www.mee.gov.cn/xxgk2018/xxgk/xxgk15/202010/t20201003_801914.html

第二轮第三批：http://www.mee.gov.cn/xxgk2018/xxgk/xxgk15/202104/t20210430_831577.html

资料来源：由生态环境部官网政府信息公开汇总。

## 第三节　中央环保督察效力路径理论分析

### 一、中国生态问责制度的理论特色

环境治理成效不仅取决于国家政策，还取决于中央与地方政府的关系。把责任归于政府和公司，所采取的环保行动将更有效率（Fahlquist，2009）。政企非正当行为成本会因为中央政府的监督力度加大和惩罚成本系数提高而增加，因此加大中央政府的环境监管力度能够有效地约束政企非正当行为（张彦博 等，2018）。在政府体系内实施自上而下的环保考核机制，科学化中央对地方的政绩衡量标准，将任期内的环境质量表现纳入官员晋升的核心考核指标，能够对改善环境治理有着显著的积极作用（孙伟增 等，2014；张凌云 等，2018）。既然有考核，就需要对懒政、环境治理不达标的地方政府进行问责，并且需要制定终身问责制度（张彦博 等，2018），使政府官员时刻保持负责任的态度，让经济发展与生态保护的天平保持平衡。

政治问责实质上是政治文明的民主体现，能够增加公共行政人员的民主压力（张贤明 等，2018）。增强公众对环境治理的参与也能对政府的环境管制效果进行更好的监督（孙伟增 等，2014）。西方关于“民主还是专制”的分析范式往往充满偏见。不论何种政治制度，最后一定要落实到“良政”才更有效率，因此需要使用“良政还是劣政”的新范式。“良政”本质上就是“实质民主”，任何国家都需根据自己的民情、国情进行民主制度的探索和实践，当中央政府具有更高的权威时也能更好地约束地方的不当行为，并高效地协调资源去保护环境。

中国生态问责制度具有区别于西方宪政民主政治问责理论的独特背景。在西方经典文献中政治问责主要以契约理论（Nutley et al.，2012）、委托代理理论（Strøm，2010）、代表理论（Fox et al.，2009）等为理论基础，其核心概念在于政府需要就治理政策对选民进行回应（Mulgan，2002；Romzek et al.，1987）。而生态问责机制在中国所体现的特色在于以下三点：第一，国家中央集权使得政治问责与环境规制得到强有力的结合与执行，即问责官员的同时严厉处罚企业，减少地方政企非正当行为产生的环境成本套利行为。中国属于中央集权的“特色联邦主义”（Jin et al.，2005；Qian et al.，1998）而非君主专政，这使生态问责中对地方的执行力度得到有效保证。第二，司法独立与信息自由是政治问责的必要条件（Chang et al.，2010），在澳大利亚联邦公共部门的环境绩效问责制度中也强调要关注监管回应、自然资本的临界性和信息的不确定性（Burritt et al.，1997）。因此中央环保督察中巡视监督权、环保部门执法权与执法者人事财权分离，使得监督、执法与被执法者保持独立性。同时在巡视期间广泛接受群众举报，考察综合环境表现，对问题进行集中披露等都为问责制度提供了保障。第三，周期性选举政治的问责效力也会面临阻碍因素（Bracco et al.，2018），并且还会因为执政短视而扭曲政府行为（Callander et al.，2017），而生态问责下中国地方政府仅因环保问题面临政治不稳定风险，解决生态环保与产业绿色转型升级问题快速且直接。已有研究证明中央环境执法监督的环保约谈能够改善被约谈地区的环境绩效（沈洪涛等，2017）。

中央环保督察也不同于以往的反腐败相关活动。反腐败的基本性质是对党政领导干部经济、政治、作风犯罪行为的惩戒，近年来众多学者已在刑事考量（解冰 等，2011）、审计（陈胜蓝 等，2018）、反腐成效（万广华 等，2012）上进行了诸多探讨。虽然环境恶化在某种程度上的确是一种政策失败的结果（Sinden，2005），腐败会降低环境规制的严格性也已被证实（Damania et al.，2003；Pellegrini，2011），但官员犯罪并非生态问责的必要前提，生态问责的核心在于中央政府对地方政府生态治理能力、社会治理能力与地区执政能力的考察，对生态乱作为或不作为行为进行追责。因此值得关注的是，即便官员未曾贪污腐败，其公共职权下的环境表现仍然对其政治生涯具有“一票否决”的影响。

## 二、中央环保督察效力路径框架

问责制度的合理实施可以从官员动机上解决环境管制俘获的问题，对地方政府实施高压监督，并将环保质量与政治晋升绑定，能够有效加强地方环境监管力度，挤压环境寻租空间，真正约束企业的污染行为。但也并非执行环保考核后就一定有效，在毕睿罡等学者（2019）对2004—2015年的地方环保处罚数据的研究中，针对2007年国务院引入的“环保一票否决”制度的研究发现，制度实施后环境规制力度跳跃式增强，环保处罚明显增多，但企业的生产与排污行为在政策的冲击前后并没有显著的变化。这可能是因为对政策的重视程度不足，同时在执行上缺乏强度、决心与长期性。

中央环保督察是生态问责制度的中国特色应用，实际上是一种嵌入了更大政治压力的强环境规制制度，并且具有运动式、长期性特征。其主要是指以政治问责为主要手段维护生态资源与环境可持续发展，对各级党政机关及公务人员的环保履职情况进行督查，并依据相应的规定与程序追究责任，同时对污染企业进行处罚的制度。

地方政府在与企业的长期博弈中会与企业形成一定的环境经济利益关系，但在面对中央环保督察的政治压力时，这一关系不可避免地受到冲击。嵌入政治问责的高压执法使得环保问题成为上市公司必须重视的重要风险因素。

图 3-4 绘制了中央环保督察的作用生效路径，通过释放高强度的中央政治压力与环境规制执行力，抑制地方政府的任意性行为，迫使地方政府增强治理生态环境的执行力，并削弱地方与企业在罔顾环境破坏的基础上建立的不良关系，部分地方政府的污染企业保护伞作用将会减弱。

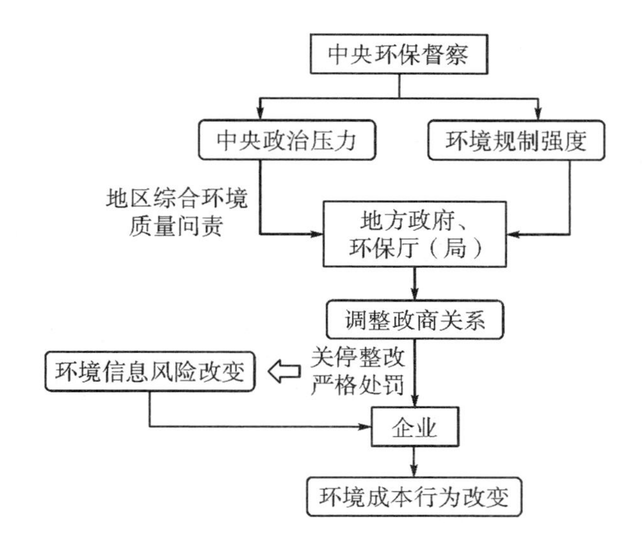


**图 3-4　中央环保督察效力路径框架**

中央环保督察下政商关系是否会被削弱，代表了中央环保督察后企业与地方政府是否会谨慎对待利益结构中的环境问题。因此问责期间政商关系的转变直接反映了中国特有背景下中央环保督察从中央到地方政府再到企业的传导有效性，而政府补助资源配置的变化则体现了政府治理重心的改变。

污染企业将因为环境问题受到实质性的严厉处罚，资本市场也会由于对企业遭受损失的预期而产生强烈的负面效应；企业受到的管制与惩罚，以及资本市场的波动还会倒逼企业调整自身的行为，其中最明显的便是改变其环境成本的支出以及偏好。

本书后文对于中央环保督察的研究主要从两个方面来考量：一是对党政官员的施压即中央政治压力，表现为被问责官员的数量；二是直接对企业的管制即环境规制强度，表现为被行政处罚企业的数量。从地方政府和企业双管理的视角对环境问题给出了具有针对性的解决方案，充分体现了中央政府治理环境、建设生态文明的决心。

# 第四章　生态环境治理体制变革的资本市场反应——环境信息风险分析

资本市场的价格波动本质是信息资源的价值的反映。根据有效市场假说（efficient markets hypothesis，EMH），当环境管制足以影响公司行为时，资本市场能够及时对相关信息的风险及收益做出判断与反应，因此生态环境治理体制的变革可能影响上市公司的行为与市值。本章主要研究中国建立的中央环保督察制度如何改变环境信息在中国资本市场中的影响。

## 第一节　引言与研究问题

股票市场应当有作为环境监管执行者的作用，即环境处罚信息发布后市场能够有效地做出反应，公司市值会因此遭受损失（Badrinath et al.，1996；Foulon et al.，2002）。以往关于新兴市场经济的研究中，大多给出了中国股票市场对公司环境违规信息反映不足的结论（Xu et al.，2012），并认为可能的原因是中国的发展模式较为粗放，政府监管不力并与企业实施不当行为，导致发展经济时以牺牲环境为代价。也有研究指出新兴市场投资者不成熟，多为投机者而非价值投资者，同时民众缺乏环保意识，使得上市公司没有舆论压力（方颖 等，2018）。

然而自2016年开始我们观察到了一些新的变化。中国中央政府组织成立了中央环保督察组，发起了一系列持续至今的问责行动，逐步建立起中央环保督察制度。与以往环境管制不同的是，中央环保督察不仅严格监管企业还大力问责地方的政府官员。由于具备了生态问责这个鲜明的特点，首轮环保督察共责令整改43 335家企业，立案处罚28 572家企业，行政和刑事拘留1 527人；同时约谈18 419名官员，问责18 040名官员。于是中国股票市场在2018年首次出现了上市公司由于环保问题被实施“ST”警告的案例，其中的代表便是亚邦股份和辉丰股份。这意味着中国企业的环境表现开始成为影响股票估值的重要风险因素。

以往的文献虽然研究了影响环境规制的市场反应的各种因素，比如立法、处罚力度、政府补助、投资者意识、媒体监督等（陈开军 等，2020；方颖 等，2018），但是忽视了非常关键的因素，即制度的执行力。环境监管失效的根源不在于制度建立的缺失，而在于制度执行的缺失，这才是以往环境规制无法在市场中有效体现的根本原因，即没有人相信公司会得到真正的惩罚，特别是在以往的政商关系逻辑下，污染甚至成为发展经济的借口，一些企业反而可以通过污染事件获得超额收益。

本章对中国建立的中央环保督察制度如何改变以往环境信息对中国资本市场无效的状况提供了实证，并试图分析以往政商关系在这一过程中所扮演的角色。

## 第二节　研究假设

### 一、环境信息风险中的非绝对价值相关性

在环境经济政策研究中，披露环境信息被认为是区别于传统环境规制

处罚的新型监管方式（Foulon et al.，2002）。关于环境信息披露有效性的研究认为，环境处罚信息发布后市场能够有效地做出反应，公司市值会遭受损失（Badrinath et al.，1996）。除此之外，披露有害物质排放清单（TRI）（Konar et al.，1997）、环境评级（Gupta et al.，2005）、环保投诉（Dasgupta et al.，2001）、环保违法企业名单（Dasgupta et al.，2006）等信息对资本市场的影响也在对欧洲、北美洲、印度、韩国等地的研究中得到了验证，并且公司市值损失后会促使公司减少污染排放，进而改善环境绩效（Foulon et al.，2002）。

但长期以来，环境信息披露对中国市场的影响是否必然有效并未有定论，尤其对样本期间为2015年以前的中国资本市场的研究中，环境信息效用并不显著。在针对A股市场的研究中，Xu等学者（2012）发现市场对上市公司的负面环境信息反应偏弱，王遥等学者（2013）、方颖等学者（2018）甚至发现环境事故、环境处罚等负面信息对市场没有显著的惩罚效应。

企业环境信息风险是生产经营中的风险之一（袁广达，2010）。通常投资者对环境信息的市场风险判断主要考虑以下几点：①公司因环境违规而面临的罚款或污染损害所需承担的赔偿责任对公司现金流有影响，但该罚款或赔偿对上市公司的体量而言微乎其微；②超标的污染排放与不良的环境表现意味着公司缺乏良好的管理能力与高效、清洁的生产技术，但若利润远高于环境成本，则公司没有动力改变现状；③环境违规处罚要求公司停产整顿，影响公司正常经营，或者要求公司日后投入更多资源进行节能减排、技术升级以达到监管要求，但监管者的立场与态度决定着违规处罚的执行力度与约束的时效性；④环境表现恶劣对公司形象产生负面影响，不利舆论削弱市场投资意愿，影响公司未来融资能力。

可以看到，以上风险考虑并不绝对影响上市公司估值。环境处罚信息不同于并购、重大重组、股份回购等直接改变资产与所有者权益的市场信息，而是属于具有“非绝对价值相关性”的信息，即投资者判断环境违规事件是否存在影响公司市值的风险，这取决于生产经营所处地区的政策管制与舆论导向。不同国家建立的执政体系、权利分配机制与政策施行层级各异，使得资本市场对环境违规信息的判断基础存在差异，也造成了环境信息有效性研究结论的争议。因而环境处罚信息的“非绝对价值相关性”会导致如下情况的发生，即若存在弱政府、合谋监管者、无监督意识公众，则环境信息可能因不明显影响公司长期经济利益而失效。

## 二、中央环保督察制度与环境违规风险

中央环保督察制度的建立直接将矛头指向了以往环境问题中的“弱政府、合谋监管者、无监督意识公众”的痛点。

自 2015 年 5 月《关于加快推进生态文明建设的意见》发布开始，党政领导干部任期生态文明建设责任制开始明确；同年 8 月发布《党政领导干部生态环境损害责任追究办法（试行）》，确立了“权责一致、终身追究”原则；9 月印发《生态文明体制改革总体方案》，建立国家环境保护督察制度；年底成立中央环保督察组，开启首轮入驻地方督察，接收群众举报，约谈、问责大量官员并对违规企业进行严厉处罚，为地方政府与企业带来了巨大的环境政治压力。2016 年 7 月《中国共产党问责条例》印发，规定生态文明建设中领导不力应予以问责；同年 9 月公布《关于省以下环保机构监测监察执法垂直管理制度改革试点工作的指导意见》，将生态环境质量状况作为党政领导班子考核评价的重要内容；12 月印发《生态文明建设目标评价考核办法》，规定“党政同责”“一岗双责”。至此我国迅速建立起一套中央环保督察制度，以前所未有的决心在生态治理中加大中央政府监督力度，约束地方的不当行为，调动群众在环境治理中的积极性，并在持续开展的多轮环保督察、“回头看”等行动中逐步调整、完善此项制度。

因此，中央环保督察使环境信息具备了“绝对价值相关性”，在环境处罚事件公布后，上市公司会面临异常严格的环境执法与考核标准，环境风险必将影响上市公司日后的生产经营与资金流向。综上，提出假设1（H1）。

H1：中央环保督察使得中国资本市场对环境违规风险做出有效反应。

环境规制通常被定义为“由政府设计的一套旨在减少环境污染负外部性的监管工具”（Eiadat et al.，2008）。在环境经济学中，环境规制手段一般可以分为两类：强制性规制和市场性规制（Ford et al.，2014）。前者指的是通过法律、法规、规章和标准的强制性要求，以政治力量直接规范企业的环境污染行为（Lo，2015），但需要政府投入大量的执法成本才能达到效果；而后者指的是采用市场经济工具，如庇古理论派系中建议采用的环境税，从成本角度抑制企业的污染行为（Franco et al.，2017；Glazyrina et al.，2006），或是以明确产权为基础的排放许可权交易制度来限制污染排放总量（Peng et al.，2019）。采用市场工具在某些理想情况下可以自动调节市场参与者的行为以达到绿色发展的目的，但如果出现行业垄断、行业游说等情形，市场手段就会失效，因此无论何种经济体都需要强制性的制度规范介入，以“看得见的手”引导“看不见的手”。

截至2020年，中国政府已颁布并广泛实施了《中华人民共和国环境保护法》《中华人民共和国环境影响评价法》《中华人民共和国大气污染防治法》等，以及各类排污费和清洁能源补贴的条例和细则。人们期待律法的强制性会对企业节能减排产生强制性压力，而这种压力的保障来自对制度执行力的预期。指挥控制制度在解决中国环境污染外部性问题上仍然发挥着主导作用（Xie et al.，2017）。

因此本书认为在中央环保督察中，自上而下的中央政治压力与环境规制协同发挥了效用，提出假设2（H2）。

H2：中央环保督察通过加大中央政治压力与环境管制力度发挥作用。

建立中央环保督察制度，成立中央环保督察组对各省（区、市）巡视以施加中央政治压力，是保障环境规制的执行力的客观需求。在规制的执行过程中，通常被管制者会针对管制者的自利动机进行寻租活动，使管制者成为被管制者的“俘虏”，并参与分享利益。环境监管的实施取决于监管者的意愿和能力，而普遍存在的管制俘获会降低管理者环境治理的意愿（Lei et al.，2017）。如果地方政府不被约束，由此衍生的政企非正当行为、腐败会使管理者选择牺牲生态环境，与企业共同获利，从而弱化环境规制力度，降低环境法规的严肃性。

良性的“亲”“清”政商关系下，政企合作应当是互利共赢且无外部损耗转嫁的，但当合作突破了规制边界则会滋生腐败。政商关系通常被视为一种企业的政治资源，可以帮助企业获得监管保护和政策资源倾斜，例如快捷的银行融资、优惠的税收利率、大量的补助资源等，为企业提供更好的经营环境，提高企业的竞争力（Saeed et al.，2016）。地方政府在以往的 GDP 竞赛发展模式下需要依赖企业创造更多的经济效益，提供财政税收。因此地方政府与企业之间除了监管与被监管的关系外依然可能存在不当获利动机。重污染企业不可避免会产生环境负外部性，而地方政府作为公民的代理人应当约束企业污染行为，使企业减少其污染行为或承担其治理责任。以往的研究认为当发生环境违规行为时，污染企业更有可能利用政治关系来减轻严厉的惩罚，此时政商关系为重污染企业提供保险作用（Tian et al.，2019）。

但地方政府被“俘获”的前提是执政者权力稳定且渴望获益，如果提高政府的政治不稳定性，管制俘获的影响便会逐渐消失（Fredriksson et al.，2003）。已有研究表明政治问责能够减少寻租与机会主义行为的发生（Benhabib et al.，2010），这意味着环境管制俘获在中央环保督察下将可能得到修正。当管制俘获得到控制时，随着政府监管能力的提高，社会福利将得到持续增长（Lei et al.，2017）。从前文的梳理可以看到，中央环保督察的一系列制度抓住了环境规制无效问题的要害，通过“党政同责”的问责机制，通过中央政府释放压力，把主导经济发展的地方政府作为重要变量进行控制，具有提纲挈领的作用，使得各个部门得到了真正的协同。形式上的制度被真正执行，从原来的“一刀切”变成“切一刀”“打七寸”。以往由于政企联系产生的环境成本套利空间会由于地方政府受到中央政治压力而被挤压。综上，提出假设3（H3）。

H3：以往政企联系的作用将受到中央环保督察下中央政治压力的冲击。

## 第三节 研究设计

### 一、样本选择与数据来源

依据证监会上市公司行业分类结果与生态环境部印发的《上市公司环保核查行业分类名录》，剔除文化传媒、服务业、金融业等，得到包含冶金、钢铁、采矿、化工、纺织、造纸、制革、制药、石化、酿造等重污染行业公司在内的基础范围，再选取2013—2018年A股上市公司中发生的环境相关违规处罚事件作为样本。

样本期间的选择基于以下考虑：①中国共产党第十八次全国代表大会于2012年底在北京召开，首次将生态文明建设写入党章，并纳入中国特色社会主义事业总体布局，要求健全责任追究制度。2013年紧随其后公布了《大气污染防治行动计划》，这是之后五年影响力最大的环境政策。②我国自2015年起逐步搭建生态问责法治框架，中央环保督察组首先于2015年12月31日进驻河北省，并陆续对31个省（区、市）开展首轮巡视并反馈结果。西藏为最后入驻的地区，入驻时间为2017年8月15日。后续又开展“环保回头看”及第二轮全面巡视工作，中央环保督察的影响持续至今。

中央环保督察相关数据由生态环境部官网发布的第一轮中央环保督察组对各省（区、市）反馈报告经手工整理得出。环境违规事件统计来源于各地区环保部门网站、Wind数据库以及CSMAR数据库的综合整理。市场数据与公司财务数据来源于RESSET数据库与CSMAR数据库。

对样本的进一步筛选包括：剔除事件发生前后停牌超过3个月的个股；剔除具有较大干扰的小概率事件样本，例如2015年6月15日至2015年9月21日期间发生的A股千股跌停股灾；剔除环境处罚公告前后10天内发生股利发放、并购、被并购以及总股本变动超过0.01%等重大事件的样本；剔除市场数据不足的样本。最终得到247个环境处罚事件样本。

## 二、事件研究法模型

借鉴方颖等学者（2018）和Dasgupta等学者（2006）的研究，本书采用事件研究法来检验资本市场对环境处罚事件的反应，以判断中央环保督察下企业发展模式是否受到影响，中央环保督察制度在中国是否有效。将上市公司或证券交易所对环境处罚事件的公告日作为事件日，对于事件窗口期的选取现有研究并未形成统一的标准，采用公告日前后7个交易日（-3，3）的较为普遍，而较长的窗口期可以尽可能地覆盖事件的长期影响。因此为了保证结果稳健全面，我们使用了三个事件窗口期，分别是前后7个交易日（-3，3），前后11个交易日（-5，5），以及一个较长事件窗口——前后21个交易日（-10，10）。为了避免估计窗口被污染，估计窗口选择事件日的前120天（-150，-31）。

本书使用较为常用的在市场模型（Konar et al.，1997）的基础上发展而来的Fama-French三因子模型（Fama et al.，1993）计算异常收益率。市场模型如下：

$$r_{it} = \alpha_i + \beta_i r_{mt} + \varepsilon_{it}$$

$$\mathrm{AR}_{it} = r_{it} - \alpha_i - \beta_i r_{mt} \tag{4-1}$$

其中，$r_{it}$为 $i$ 股票在 $t$ 期的实际收益率；$r_{mt}$为市场在 $t$ 期的收益率，日收益率采用综合市场 A 股的日收益率；$AR_{it}$为计算出的个股 $i$ 在 $t$ 期的异常收益率。

在此基础上，Fama-French 三因子模型额外考虑了市场、市值以及账面市值比风险：

$$r_{it} - r_{ft} = \alpha_i + \beta_i(r_{mt} - r_{ft}) + s_i SMB_t + h_i HMI_t + \varepsilon_{it}$$

$$AR_{it} = r_{it} - r_{ft} - [\alpha_i + \beta_i(r_{mt} - r_{ft}) + s_i SMB_t + h_i HMI_t] \quad (4-2)$$

其中，$r_{ft}$为无风险收益率；（$r_{mt}$-$r_{ft}$）为市场风险溢价因子；$SMB_t$为采用流通市值加权的市值因子，即小市值公司组的日收益率与大市值公司组的日收益率之差；$HMI_t$为采用流通市值加权的账面市值比因子，即高账面市值比公司组收益率与低账面市值比公司组的收益率之差。

通过模型估计得到异常收益率 $AR_{it}$后，计算（$t_1$，$t_2$）窗口期的累积异常收益率 CAR 以及累积平均异常收益率 CAAR，并采用 $T$ 统计检验判断环境处罚事件是否对公司股票市场产生显著影响。

$$CAAR(t_1, t_2) = \frac{1}{N}\sum_{i=1}^{N} CAR_{i,(t_1, t_2)} = \frac{1}{N}\sum_{i=1}^{N}\sum_{t=t_1}^{t_2} AR_{it} \quad (4-3)$$

本书选择传统 $T$ 检验、Boehmer 等学者（1991）的标准化累积异常收益检验法、基于 Boehmer 检验进一步修正的 Kolari 检验。Kolari 检验能够减小互相关性误差以及高波动性股票的偏差（Kolari et al.，2010）。具体为：

$$T_{Kolari} = T_{Boehmer} \cdot \sqrt{\frac{1-\bar{r}}{1+(N-1)\cdot\bar{r}}} = \frac{\frac{1}{N}\sum_{i=1}^{N} SCAR_{i(t_1, t_2)}}{\sigma_{SCAR_{i(t_1, t_2)}}/\sqrt{N}} \cdot \sqrt{\frac{1-\bar{r}}{1+(N-1)\cdot\bar{r}}} \quad (4-4)$$

其中 $SCAR_{i(t_1, t_2)} = \frac{CAR_{i(t_1, t_2)}}{\sigma_{CAR_{i(t_1, t_2)}}}$，$\sigma_{CAR_{i(t_1, t_2)}}$ 为 CAR 的标准差，$\sigma_{SCAR_{i(t_1, t_2)}}$ 为 SCAR 的标准差。$\bar{r} = \frac{2}{N\cdot(N-1)}\sum_{1\leq k<h\leq N}\varphi_{k,h}$，表示不同股票异常收益率之间的平均

相关系数，其中 $\varphi_{k,h}$ 为股票参数估计区间异常收益率的线性相关系数。

## 三、计量模型构建与变量选择

在事件研究法中能够验证中央环保督察下市场对环境违规处罚事件的反应（见本章第四节），但中央环保督察是如何将环境风险引入资本市场，使得市场对环保事件信息做出有效反应的，仍需进一步分析。中央环保督察区别于环境规制的一个鲜明特点在于，其执行过程呈现了垂直的政治压力传导，通过对党政领导干部的问责迫使地方政府切实约束当地企业的污染行为。因此在分析中央环保督察后市场对环境事件反应明显的原因时，需要同时考虑来自中央的垂直政治压力与在此过程中地方对企业的环境管制的执法强度。本书采用多期双重差分回归来验证中央政治压力与环境管制对 CAR 的影响。构建如下回归模型：

$$CAR_{i,(t_1,t_2)} = \alpha_0 + \alpha_1 EA_{p,i} \cdot treated \cdot after + \alpha_2 R\_gdp_{p,t} + \alpha_3 AQI_{c,t} + \alpha_4 DFL_{i,t} + \alpha_5 DOL_{i,t} + \alpha_6 ROA_{i,t} + \alpha_7 LTROC_{i,t} + \alpha_8 ROF_{i,t} + Firm + Year + \varepsilon \tag{4-5}$$

其中，$CAR_{i,(t_1,t_2)}$ 为窗口期累积异常收益率，用以度量市场对环境违规处罚事件的反应强度。$EA_{p,i}$ · treated · after 为主要估计量，同时反映了 $i$ 公司所在 $p$ 省（区、市）生态问责力度系列变量以及是否被问责（treated）、问责的时间（after）。after 是基于中央环境保护督察组分别进驻各省（区、市）的时间哑变量，$i$ 公司事件若发生于被问责之后，时期 after 取值为 1，否则为 0。$EA_{p,i}$ 包括政治压力 EcoAcc_poli，核心数据为 $i$ 企业所在 $p$ 省（区、市）被问责官员总人数；还包括环境规制强度 EcoAcc_reg，核心数据为 $i$ 企业所在 $p$ 省（区、市）环保督察期间立案处罚数。$AQI_{c,t}$ 表示样本公司所在 $c$ 城市 $t$ 期的平均空气质量指数[①]，用于控制地区的环境质量差

① 空气质量指数，系根据 2012 年 3 月国家发布的新空气质量评价标准，监测二氧化硫、二氧化氮、$PM_{10}$、$PM_{2.5}$、一氧化碳和臭氧计算的每日综合城市空气质量指数。

异，数据由 CSMAR 数据库与各城市环保部门网站每日空气质量披露数据整理、计算得出。Firm 与 Year 分别表示公司和年份哑变量，用来控制公司个体效应和年份固定效应，同时对标准误使用行业层面的 Cluster 处理。$\varepsilon$ 为随机扰动项。具体研究涉及的变量解释见表 4-1。

**表 4-1　变量描述**

| 变量 | 解释 |
| --- | --- |
| CAR［-3，3］ | 事件公告前 3 个交易日至公告后 3 个交易日的累计异常收益率 |
| CAR［-3，-1］ | 事件公告前 3 个交易日至公告前 1 个交易日的累计异常收益率 |
| CAR［0，3］ | 事件公告日至公告后 3 个交易日的累计异常收益率 |
| after | $i$ 公司环境处罚事件若发生于被问责之后则时期 after 取值为 1，否则为 0 |
| treated | $p$ 省（区、市）经历过中央环保督察组进驻问责则取值为 1，否则为 0 |
| EcoAcc_poli | $i$ 企业所在 $p$ 省（区、市）被问责官员总人数取对数 |
| EcoAcc_reg | $i$ 企业所在 $p$ 省（区、市）环保督察期间立案处罚数取对数 |
| R_gdp | 公司所在省份当年地区生产总值占全国 GDP 的比值 |
| DGC | 上一年度政府补助占总营业收入比值取对数 |
| AQI | 公司所在城市的年平均空气质量指数 |
| DFL | 财务杠杆=（本期净利润+本期所得税费用+本期财务费用）/（本期净利润+本期所得税费用） |
| DOL | 经营杠杆=（本期净利润+本期所得税费用+本期财务费用+本期固定资产折旧、油气资产折耗、生产性生物资产折旧+本期无形资产摊销+本期长期待摊费用摊销）/（本期净利润+本期所得税费用+本期财务费用） |
| ROA | 资产报酬率=（本期利润总额+本期财务费用）/平均资产总额 |
| LTROC | 长期资本收益率=（本期净利润+本期所得税费用+本期财务费用）/（非流动负债平均余额+所有者权益平均余额） |
| ROF | 固定资产净利润率=本期净利润/固定资产平均余额 |

# 第四节　检验结果

## 一、环境违规处罚事件的描述性分析

根据事件样本的违规原因、处罚方式做分类统计（如表 4-2 所示）。在收集的 247 个样本中超过半数的环境违规事由是污染物排放超标以及污染物处置不当（占 132 件），其次是设备不达标或环评项目未验收（占 60 件），再次是环境信息披露不当或会计处理不准确（占 47 件）。因干扰数据采集、破坏监测设备以及非法占用草原、海域等被处罚的较少，均只有 4 个样本。

根据处罚方式分类，3/5 以上违规公司被处以罚款，有 1/5 样本仅受到批评、责令整改等非实质性惩罚，1/5 样本被要求停产整改，甚至吊销排污许可证，其相关负责人被处以行政拘留。

表 4-2　事件样本特征：处罚文件的内容分析

| 环境违规类别 | N/件 | 处罚方式类别 | N/件 |
| --- | --- | --- | --- |
| 环境信息披露不当、会计处理不准确 | 47 | 通报批评、警示、公开谴责、责令整改 | 51 |
| 设备不达标、环评项目未验收 | 60 | 环保罚款 | 145 |
| 排污超标、污染物处置不当 | 132 | 停产整改、吊销排污许可证、行政拘留 | 51 |
| 干扰数据采集、破坏监测设备 | 4 | - | - |
| 非法占用草原、海域等 | 4 | - | - |
| 合计 | 247 | 合计 | 247 |

研究涉及变量的描述性统计如表 4-3 所示。所有窗口 CAR $[t_1, t_2]$ 的均值都低于 0，这意味着样本公司股票价值在处罚事件公告日前后的窗口期内存在下降现象，其是否具有统计学特征需要进一步验证。事件窗口

期长度不同，可能因某日市场数据不可取而出现各窗口样本数量有轻微个数差异，但不影响总体检验结果。

表 4-3 描述性统计

| 变量 | Obs | Mean | Std. Dev. | Min | Max |
|---|---|---|---|---|---|
| CAR [-3, 3] | 226 | -0.019 | 0.067 | -0.365 | 0.177 |
| CAR [-5, 5] | 224 | -0.023 | 0.081 | -0.327 | 0.161 |
| CAR [-10, 10] | 222 | -0.032 | 0.117 | -0.531 | 0.270 |
| CAR [-3, -1] | 226 | -0.006 | 0.043 | -0.187 | 0.152 |
| CAR [-5, -1] | 225 | -0.004 | 0.057 | -0.223 | 0.273 |
| CAR [-10, -1] | 224 | -0.009 | 0.078 | -0.265 | 0.292 |
| CAR [0, 3] | 226 | -0.012 | 0.051 | -0.297 | 0.164 |
| CAR [0, 5] | 225 | -0.018 | 0.058 | -0.281 | 0.125 |
| CAR [0, 10] | 223 | -0.023 | 0.084 | -0.340 | 0.211 |
| CAR [-3, 3] | 225 | -0.027 | 0.098 | -0.584 | 0.220 |
| EcoAcc | 247 | 0.729 | 0.446 | 0 | 1 |
| AQI | 247 | 82.535 | 20.930 | 47.047 | 161.818 |
| R_gdp | 247 | 0.057 | 0.034 | 0.004 | 0.109 |
| DGC | 246 | -5.840 | 2.156 | -13.767 | -0.730 |
| DOL | 247 | 2.096 | 1.127 | 1.049 | 6.971 |
| DFL | 247 | 2.203 | 2.673 | 0.278 | 23.226 |
| LTROC | 245 | 0.042 | 0.478 | -6.942 | 1.049 |
| ROF | 246 | 0.091 | 0.565 | -6.235 | 2.827 |
| ROA | 246 | 0.019 | 0.095 | -0.831 | 0.283 |

## 二、资本市场事件反应研究结果

表 4-4 列示了 2013—2018 年 A 股市场对环境处罚事件的反应情况。结果显示，无论是从短期事件窗口还是长期事件窗口来看，环境违规处罚事件产生的累计平均异常收益率都呈现明显的负显著性。相对事件发生前

的窗口而言，事件发生后的CAAR下降更为明显，即除［0，3］窗口的T_Kolari值显著性水平为5%之外，其余的显著性水平均为1%。结果表明中国的环境规制是有效的，面对公司因环境违规受到的处罚，资本市场给出了明显反应，市场信心受到了强烈冲击，这与以往方颖等学者（2018）的研究中指出的中国环境规制在金融市场途径失效的观点截然相反。以往研究样本多数基于2015年之前区间，这也说明在没有经历中央环保督察之前市场对环境信息的反应是不足的。

**表4-4　环境处罚事件对平均累计收益率的影响：全样本**

| 事件窗口 | CAAR | T | T_Boehmer | T_Kolari |
|---|---|---|---|---|
| [-3，3] | -0.018 6 | -4.274*** | -3.554*** | -2.648*** |
| [-5，5] | -0.022 5 | -4.078*** | -2.435** | -1.815* |
| [-10，10] | -0.032 1 | -3.853*** | -2.340** | -1.744* |
| [-3，-1] | -0.006 | -2.133** | -2.198** | -1.638 |
| [-5，-1] | -0.004 1 | -1.108 | -0.231 | -0.172 |
| [-10，-1] | -0.009 1 | -1.746* | -0.794 | -0.592 |
| [0，3] | -0.012 2 | -3.711*** | -3.301*** | -2.460** |
| [0，5] | -0.017 5 | -4.361*** | -3.815*** | -2.843*** |
| [0，10] | -0.022 7 | -4.075*** | -4.031*** | -3.004*** |

注：*、**、***分别表示在10%、5%、1%水平显著。

即使表4-4论证了中国环境规制在金融市场发挥了有效作用，这也并不能说明以前研究中关于政策失效的观点是错误的。不同的样本期间选取可能会产生不同的研究结论，同时中国的环境治理逻辑与生态文明建设制度也在不断进步与完善，尤其是2015年开始逐步形成的问责制度，使环境风险成为资本市场表现稳定的重要因素。为了讨论产生研究观点差异的原因，我们针对中央环保督察的影响进行分组检验。

由于中央环保督察组于2015年12月底才开始首轮入驻工作，自2015年到2018年陆续入驻每个省（区、市）开展督察工作的时间不同，因此分别使用各地区接受中央环保督察的时间与每个事件的公告日进行对比匹配。根据每个环境违规事件公告时中央环保督察组是否已进入该公司所在地区，将样本划分为各省（区、市）中央环保督察开始之前发生的处罚事件样本集 Before 以及中央环保督察开始后发生的处罚事件样本集 After。

表 4-5 表明，Before 组公告环境处罚事件基本不会产生显著变化的 CAAR；而 After 组在 $T$ 检验、Boehmer 检验与 Kolari 检验中，公告环境处罚事件会产生显著的负累计平均异常收益率，尤其在公告后窗口期更为明显。

**表 4-5　环境处罚事件对平均累计收益率的影响：中央环保督察前后差异**

| 事件窗口 | Before | | | | After | | | |
|---|---|---|---|---|---|---|---|---|
| | CAAR | T | $T_{-Boehmer}$ | $T_{-Kolari}$ | CAAR | T | $T_{-Boehmer}$ | $T_{-Kolari}$ |
| [-3, 3] | -0.012 2 | -1.384 | -1.04 | -0.888 | -0.020 8 | -4.146*** | -3.434*** | -2.512** |
| [-5, 5] | -0.018 6 | -1.64 | -1.670* | -1.427 | -0.023 8 | -3.759*** | -1.916* | -1.401 |
| [-10, 10] | -0.025 3 | -1.396 | -0.886 | -0.757 | -0.034 4 | -3.682*** | -2.187** | -1.599 |
| [-3, -1] | -0.002 8 | -0.497 | -0.168 | -0.144 | -0.007 1 | -2.178** | -2.467** | -1.804* |
| [-5, -1] | -0.004 8 | -0.653 | -0.371 | -0.317 | -0.003 8 | -0.899 | -0.071 | -0.052 |
| [-10, -1] | -0.008 | -0.754 | -0.293 | -0.251 | -0.009 5 | -1.577 | -0.744 | -0.544 |
| [0, 3] | -0.007 7 | -1.176 | -1.397 | -1.194 | -0.013 7 | -3.612*** | -3.004*** | -2.197** |
| [0, 5] | -0.010 2 | -1.262 | -1.803* | -1.54 | -0.02 | -4.310*** | -3.414*** | -2.497** |
| [0, 10] | -0.013 1 | -1.165 | -1.259 | -1.076 | -0.026 | -4.057*** | -3.854*** | -2.819*** |

注：*、**、*** 分别表示在 10%、5%、1%水平显著。

以上结果表明中央环保督察之前资本市场对公司的环境处罚信息反应甚微，这基本符合以前研究中关于环境规制市场无效的观点，但中央环保督察之后环境违规处罚数量明显增多，并且具有显著的累计平均异常收益率，金融市场对环境违规处罚信息反应强烈。

为了便于直接观察事件发生前后资本市场的反应，图 4-1 绘制了事件发生前后 10 个交易日的平均异常收益率（AAR）与累计平均异常收益率（CAAR）的变动趋势，显示了与表 4-4 相同的结论。在瀑布图中花纹柱形图表示该交易日 AAR 为正，实心柱形图表示该交易日 AAR 为负，直线表示自事件发生日前10个交易日的CAAR。

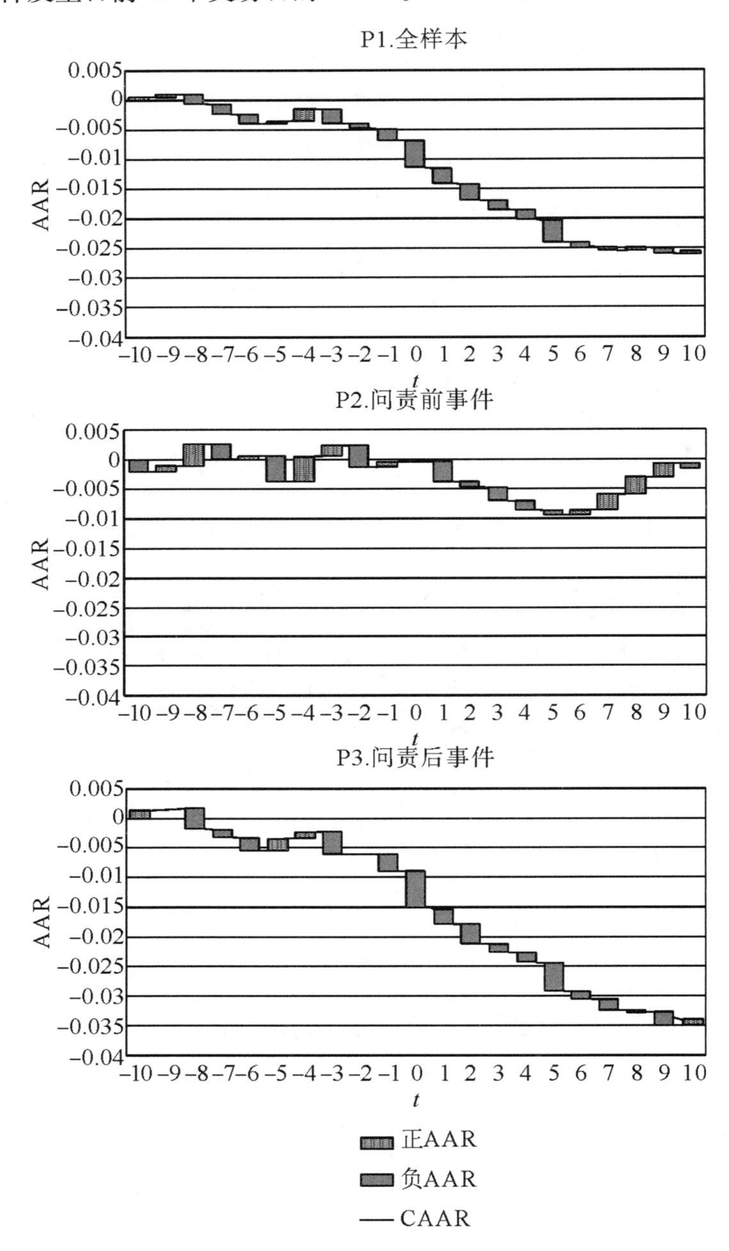


**图4-1　事件窗口 $t_{-10}$ 至 $t_{+10}$ 日 AARs 与 CAARs 的变动趋势：**

**中央环保督察前后差异**

由图 4-1 中 P2 可发现，中央环保督察前市场对环境处罚事件没有明显反应，事件公布后几日内累计收益率虽然有下跌趋势，但不呈现统计学显著水平（见表 4-4），且很快便恢复至事件公告前的水平。P3 给出了中央环保督察后市场反应的明显变化，事件公布前市场对环境处罚事件的影响存在预期，部分投资者已经提前预知一些信息，并且对环境违规抱有悲观预期，从而提前抛售股票，导致前 3 个交易日平均异常收益率开始持续下跌，且趋势呈现统计学显著水平。

## 三、计量检验结果

根据事件研究的初步分析，在所选窗口期中，市场反应主要自事件公布日前 3 个交易日才开始显著变化，因此本书首先选择事件公告前后 3 个交易日为对称窗口的样本公司的累计异常收益率（CAR）进行逐步回归。treated · after 为主要观察变量，表示公司所在地是否经历过中央环保督察组入驻问责，以及环境违规事件是否发生在进驻日期之后。在表 4-6 中逐步构建了不同的模型，第（1）列模型仅控制年份固定效应，第（2）列加入对行业的聚类，第（3）列加入系列控制变量，第（4）列加入控制个体固定效应。检验结果中除第（1）列主要观察变量具有 5%的显著水平外，其余模型中主要观察变量均具备 1%的显著水平。以上检验结果均表明中央环保督察使得环境违规事件对公司累计异常收益率有显著负影响。

**表 4-6　中央环保督察对环境信息市场反应的影响：逐步回归**

| Dep. Var = CAR $[t_1, t_2]$ | [-3, 3] | [-3, 3] | [-3, 3] | [-3, 3] |
|---|---|---|---|---|
| | (1) | (2) | (3) | (4) |
| treated · after | -0.103**<br>(-2.042) | -0.103***<br>(-7.859) | -0.106***<br>(-6.082) | -0.226***<br>(-4.309) |
| AQI | | | 0.000<br>(1.084) | -0.000<br>(-0.057) |
| R_gdp | | | 0.035<br>(0.337) | 11.663*<br>(1.939) |

表4-6(续)

| Dep. Var = CAR [$t_1$, $t_2$] | [-3, 3] | [-3, 3] | [-3, 3] | [-3, 3] |
|---|---|---|---|---|
| | (1) | (2) | (3) | (4) |
| DOL | | | 0.004<br>(1.225) | -0.004<br>(-0.226) |
| DFL | | | 0.001<br>(0.741) | 0.011<br>(0.918) |
| LTROC | | | 0.035<br>(0.602) | 0.490<br>(0.941) |
| ROF | | | 0.019<br>(1.077) | 0.417***<br>(4.648) |
| ROA | | | -0.090<br>(-0.703) | -2.124***<br>(-2.850) |
| Ind | No | Yes | Yes | Yes |
| Firm | No | No | No | Yes |
| Year | Yes | Yes | Yes | Yes |
| Constant | 0.058 | 0.058*** | 0.026 | -0.780** |
| | (1.536) | (5.976) | (1.088) | (-2.100) |
| Observations | 226 | 226 | 225 | 225 |
| R-squared | 0.035 | 0.035 | 0.052 | 0.632 |

注：括号内为 $T$ 值；*、**、*** 分别表示在 10%、5%、1%水平显著。

采用上述模型继续对非对称事件窗口期的 CAR 进行检验。表 4-7 第（1）列显示中央环保督察之后发生的环境违规事件（treated · after）对公告前 3 个交易日的 CAR 影响系数为-0.123，并通过 5%的显著性检验。环境违规事件公告后的 10 个交易日内，公司也同样呈现了显著的负累计异常收益率；第（2）至（4）列显示 treated · after 对 [0, 3]、[0, 5]、[0, 10] 事件窗口的 CAR 影响系数分别为-0.117、-0.194、-0.197，且均在 1%水平显著。

以上结果给出了与事件研究基本一致的结论，即公司所在地区经历中央环保督察之后，公司发生的环境违规事件对资本市场具有强烈冲击，环境信息蕴含的风险在资本市场得到了显著体现，支持假设 1。

**表 4-7　中央环保督察对环境信息市场反应的影响：非对称窗口期**

| Dep. Var = CAR [$t_1$, $t_2$] | [-3, -1] | [0, 3] | [0, 5] | [0, 10] |
|---|---|---|---|---|
| | (1) | (2) | (3) | (4) |
| treated · after | -0.123** <br>(-2.045) | -0.117*** <br>(-5.445) | -0.194*** <br>(-2.868) | -0.197*** <br>(-4.004) |
| AQI | 0.002<br>(1.299) | -0.002<br>(-1.078) | 0.002<br>(1.437) | 0.002<br>(0.771) |
| R_gdp | 11.476*** <br>(2.754) | -0.333<br>(-0.056) | 3.028<br>(0.479) | 9.293<br>(1.434) |
| DOL | 0.006<br>(0.798) | -0.009<br>(-0.722) | 0.030<br>(1.526) | 0.047* <br>(1.824) |
| DFL | 0.000<br>(0.001) | 0.010<br>(1.672) | -0.010<br>(-0.776) | -0.006<br>(-0.482) |
| LTROC | -0.358<br>(-0.641) | 0.713* <br>(1.748) | -0.363<br>(-0.583) | 0.587<br>(0.893) |
| ROF | 0.317*** <br>(5.293) | 0.105<br>(1.459) | 0.115<br>(0.914) | 0.266<br>(1.366) |
| ROA | -0.546<br>(-1.004) | -1.469*** <br>(-3.196) | -0.333<br>(-0.486) | -1.872*** <br>(-2.977) |
| Ind | Yes | Yes | Yes | Yes |
| Firm | Yes | Yes | Yes | Yes |
| Year | Yes | Yes | Yes | Yes |
| Constant | -0.703*** | -0.027 | -0.009 | -0.673* |
| | (-3.457) | (-0.070) | (-0.023) | (-1.847) |
| Observations | 225 | 225 | 224 | 222 |
| R-squared | 0.689 | 0.628 | 0.771 | 0.783 |

注：括号内为 $T$ 值；*、**、*** 分别表示在 10%、5%、1%水平显著。

为了进一步探究中央环保督察如何影响资本市场的环境信息风险表达，需要对中央环保督察中发挥作用的关键因素进行量化。根据假设 2，中央环保督察系列制度的建立使得中央环保督察系列行动的执行不仅是依照环保法律法规严厉处罚企业环境污染行为，更是对地方政府施加自上而下的压力，具有双重特性。

因此本书首先选取了中央环保督察组入驻期间地方政府被问责的人数取对数（EcoAcc_poli）作为表示中央政治压力的变量，相关检验结果列示于表4-8。EcoAcc_poli·after为主要DID估计量，在不同窗口期模型中均通过了显著性检验：[-3，3]时间窗口期的CAR系数为-0.031，[-3，-1]时间窗口期的CAR系数为-0.018，[0，3]时间窗口期的CAR系数为-0.015，[0，5]时间窗口期的CAR系数为-0.028，[0，10]时间窗口期的CAR系数为-0.031。以上结果表明在中央环保督察中受到来自中央政府的压力越大的地区，公司发生环境违规事件对其资本市场价值的影响越大。

**表4-8　中央环保督察下中央政治压力对环境信息市场反应的影响**

| Dep. Var = CAR [$t_1$，$t_2$] | [-3，3] | [-3，-1] | [0，3] | [0，5] | [0，10] |
|---|---|---|---|---|---|
| | (1) | (2) | (3) | (4) | (5) |
| EcoAcc_poli·after | -0.031*** | -0.018* | -0.015*** | -0.028** | -0.031*** |
| | (-3.621) | (-1.902) | (-3.999) | (-2.508) | (-4.983) |
| AQI | 0.000 1 | 0.002 | -0.002 | 0.002 | 0.002 |
| | -0.105 | -1.198 | (-1.033) | -1.218 | -0.992 |
| R_gdp | 12.137* | 11.696** | -0.219 | 2.793 | 9.882 |
| | -1.855 | -2.542 | (-0.038) | -0.429 | -1.607 |
| DOL | -0.005 | 0.007 | -0.01 | 0.029 | 0.050* |
| | (-0.218) | -0.63 | (-0.663) | -1.346 | -1.977 |
| DFL | 0.012 | 0 | 0.011 | -0.008 | -0.007 |
| | -0.872 | -0.008 | -1.485 | (-0.646) | (-0.597) |
| LTROC | 0.463 | -0.393 | 0.704 | -0.348 | 0.496 |
| | -0.739 | (-0.611) | -1.651 | (-0.513) | -0.784 |
| ROF | 0.501*** | 0.367*** | 0.143** | 0.192 | 0.365** |
| | -3.993 | -3.546 | -2.12 | -1.651 | -2.254 |
| ROA | -2.183*** | -0.569 | -1.488*** | -0.44 | -1.919*** |
| | (-2.706) | (-1.039) | (-2.977) | (-0.675) | (-2.959) |
| Ind | Yes | Yes | Yes | Yes | Yes |
| Firm | Yes | Yes | Yes | Yes | Yes |
| Year | Yes | Yes | Yes | Yes | Yes |
| Constant | -0.856** | -0.738*** | -0.058 | -0.043 | -0.740** |
| | (-2.180) | (-3.392) | (-0.152) | (-0.104) | (-2.131) |

表4-8(续)

| Dep. Var = CAR [$t_1$, $t_2$] | [-3, 3] | [-3, -1] | [0, 3] | [0, 5] | [0, 10] |
|---|---|---|---|---|---|
| | (1) | (2) | (3) | (4) | (5) |
| Observations | 225 | 225 | 225 | 224 | 222 |
| R-squared | 0. 627 | 0. 687 | 0. 625 | 0. 769 | 0. 784 |

注：括号内为 *T* 值；*、**、*** 分别表示在 10%、5%、1%水平显著。

其次，本书选取了中央环保督察组入驻期间的立案处罚数取对数（EcoAcc_reg）来反映环境规制力度。相关检验结果列示于表 4-9。EcoAcc_reg · after 为主要 DID 估计量，在不同窗口期模型中均通过了显著性检验：[-3, 3] 时间窗口期的 CAR 系数为-0. 036，[-3, -1] 时间窗口期的 CAR 系数为-0. 020，[0, 3] 时间窗口期的 CAR 系数为-0. 019，[0, 5] 时间窗口期的 CAR 系数为-0. 032、[0, 10] 时间窗口期的 CAR 系数为-0. 031。以上结果表明中央环保督察中环境规制力度越大的地区，公司发生环境违规事件对其资本市场价值的影响越大。

**表 4-9　中央环保督察下环境规制力度对环境信息市场反应的影响**

| Dep. Var = CAR [$t_1$, $t_2$] | [-3, 3] | [-3, -1] | [0, 3] | [0, 5] | [0, 10] |
|---|---|---|---|---|---|
| | (1) | (2) | (3) | (4) | (5) |
| EcoAcc_reg · after | -0. 036*** | -0. 020** | -0. 019*** | -0. 032*** | -0. 031*** |
| | (-5. 188) | (-2. 172) | (-4. 285) | (-2. 787) | (-3. 238) |
| AQI | 0 | 0. 002 | -0. 002 | 0. 002 | 0. 002 |
| | (-0. 141) | -1. 233 | (-1. 201) | -1. 402 | -0. 775 |
| R_gdp | 18. 360** | 15. 321*** | 3. 368 | 9. 541 | 15. 282* |
| | -2. 564 | -2. 737 | -0. 511 | -1. 291 | -1. 933 |
| DOL | -0. 006 | 0. 005 | -0. 01 | 0. 028 | 0. 045 |
| | (-0. 305) | -0. 681 | (-0. 767) | -1. 456 | -1. 643 |
| DFL | 0. 01 | -0. 001 | 0. 010* | -0. 01 | -0. 006 |
| | -0. 781 | (-0. 073) | -1. 763 | (-0. 885) | (-0. 419) |
| LTROC | 0. 477 | -0. 371 | 0. 716* | -0. 387 | 0. 6 |
| | -0. 907 | (-0. 637) | -1. 982 | (-0. 608) | -1. 013 |
| ROF | 0. 394*** | 0. 305*** | 0. 095 | 0. 1 | 0. 247 |
| | -3. 847 | -4. 533 | -1. 394 | -0. 827 | -1. 304 |

表4-9(续)

| Dep. Var = CAR [$t_1$, $t_2$] | [-3, 3] | [-3, -1] | [0, 3] | [0, 5] | [0, 10] |
|---|---|---|---|---|---|
| | (1) | (2) | (3) | (4) | (5) |
| ROA | -2.224*** (-3.045) | -0.607 (-1.103) | -1.541*** (-3.808) | -0.436 (-0.650) | -1.990*** (-3.609) |
| Ind | Yes | Yes | Yes | Yes | Yes |
| Firm | Yes | Yes | Yes | Yes | Yes |
| Year | Yes | Yes | Yes | Yes | Yes |
| Constant | -1.076** (-2.566) | -0.872*** (-3.328) | -0.196 (-0.487) | -0.305 (-0.716) | -0.950** (-2.248) |
| Observations | 225 | 225 | 225 | 224 | 222 |
| R-squared | 0.631 | 0.689 | 0.628 | 0.771 | 0.782 |

注：括号内为 $T$ 值；*、**、*** 分别表示在 10%、5%、1%水平显著。

以上结果支持了假设 2。在中央环保督察中，中央政治压力与环境规制强度都对资本市场的有效性发挥了显著作用，使环境违规信息的风险含量增加。多期 DID 的主要估计量显著也表明市场有效的变化主要是由于政策冲击，以往的环境违规信息对资本市场几乎无效的现象得到了改变。

环境管制俘获产生的主要原因就是企业政治联系滥用，政企进行不当利益输送使得规制失效。在政商关系的保护下，当资本市场投资者不再相信上市公司环境违规行为被处罚会对公司造成实质性损失时，投资者会不再对环境违规信息产生风险预期，环境违规信息便会在资本市场中失效。以上结果验证了中央环保督察使得环境违规信息的市场风险含量增加，如果以往的政商关系能够减少环境信息给公司造成的市场波动，则需要进一步检验中央环保督察是如何影响这种保护作用的。

政商关系的变化与政府主导的产业发展方向在企业年报中体现于政府补助、税收优惠等指标，尤其是从政府补助总额、分项内容与性质等指标中能够更加细致地解读出来。企业享有的财政福利、优惠补贴始终是建立政治联系、达成隐性契约的最直接结果（余明桂 等，2010）。政府补助的目的通常是提高社会效率，优化资源配置，但也可能会成为企业寻租的对象（步丹璐等，2019）。通过政府补助项目能够获知政府与企业的合作行为以及政府主导的产业发展方向，从而进一步观察中央环保督察的执行效果。

因此本书将政府补助作为研究中央环保督察下的政商关系变化情况的切入点。采用样本公司上一年度政府补助占总营业收入的比值取对数作为衡量公司以往政企联系的变量（DGC）。为了检验 H3，我们在基本模型基础上加入 DGC 与主要 DID 估计量的交乘项，以观察中央环保督察下以往政商关系的作用是否会发生变化。

如表 4-10 所示，在事件公布日后，以往政商关系能够使公司累计异常收益率上升，在［0，3］事件窗口内的影响系数为 0.046，在 1%水平显著，在［0，5］事件窗口内的影响系数为 0.035，在 5%水平显著。但在中央环保督察的中央政治压力的作用下，以往政商关系对环境违规事件的保护作用被抵消，交乘项在［0，3］事件窗口内的影响系数为-0.007，在 1%水平显著，在［0，5］事件窗口内的影响系数为-0.005，在 5%水平显著。环境规制强度在检验中对以往政企联系的保护作用没有显著影响，在此不进行结果列示。

**表 4-10　中央环保督察下中央政治压力对以往政商关系作用的影响**

| Dep. Var = CAR［$t_1$，$t_2$］ | ［-3，3］ | ［-3，-1］ | ［0，3］ | ［0，5］ | ［0，10］ |
|---|---|---|---|---|---|
| | (1) | (2) | (3) | (4) | (5) |
| EcoAcc_poli · after | -0.057** | -0.030* | -0.059*** | -0.062*** | -0.061*** |
| | (-2.039) | (-1.683) | (-4.038) | (-2.828) | (-3.092) |
| DGC | 0.029 | 0.012 | 0.046*** | 0.035** | 0.031* |
| | (1.044) | (1.131) | (2.991) | (2.242) | (1.821) |
| EcoAcc_poli · after · DGC | -0.004 | -0.002 | -0.007*** | -0.005** | -0.004 |
| | (-0.845) | (-1.046) | (-3.009) | (-2.219) | (-1.474) |
| AQI | 0.001 | 0.003 | -0.000 | 0.003** | 0.003 |
| | (0.477) | (1.346) | (-0.182) | (2.237) | (1.125) |
| R_gdp | 7.441 | 10.064*** | -5.234 | -1.591 | 6.220 |
| | (1.315) | (2.736) | (-0.806) | (-0.274) | (0.965) |
| DOL | 0.005 | 0.009 | -0.002 | 0.033** | 0.055** |
| | (0.438) | (0.917) | (-0.182) | (2.075) | (2.246) |

表4-10(续)

| Dep. Var = CAR [$t_1$, $t_2$] | [-3, 3] | [-3, -1] | [0, 3] | [0, 5] | [0, 10] |
|---|---|---|---|---|---|
| | (1) | (2) | (3) | (4) | (5) |
| DFL | 0.002<br>(0.212) | -0.002<br>(-0.223) | 0.005<br>(0.447) | -0.012<br>(-1.129) | -0.010<br>(-0.741) |
| LTROC | 0.151<br>(0.229) | -0.470<br>(-0.710) | 0.447<br>(0.919) | -0.517<br>(-0.983) | 0.374<br>(0.439) |
| ROF | 0.566***<br>(3.673) | 0.405***<br>(5.300) | 0.283<br>(1.510) | 0.293*<br>(1.715) | 0.466*<br>(1.893) |
| ROA | -1.961**<br>(-2.294) | -0.594<br>(-1.005) | -1.582***<br>(-6.240) | -0.520<br>(-0.929) | -2.089**<br>(-2.175) |
| Ind | Yes | Yes | Yes | Yes | Yes |
| Year | Yes | Yes | Yes | Yes | Yes |
| Constant | -0.395<br>(-1.087) | -0.590***<br>(-3.130) | 0.455<br>(0.963) | 0.371<br>(0.787) | -0.386<br>(-1.090) |
| Observations | 224 | 224 | 224 | 223 | 221 |
| R-squared | 0.642 | 0.689 | 0.662 | 0.784 | 0.790 |

注：括号内为 $T$ 值；*、**、*** 分别表示在 10%、5%、1%水平显著。

检验结果支持假设 3，表明以往政企联系对环境违规事件的保护作用会受到中央环保督察下中央政治压力的冲击。

## 第五节　本章小结

本章选取 2013—2018 年重污染行业企业环境违规事件为样本，讨论了环境违规信息在资本市场的有效性，尤其关注了中央环保督察对这类信息风险的影响。具体研究结论如下：

（1）中央环保督察使中国资本市场开始重视公司环境违规风险。以往大量研究中基于 2015 年之前的样本区间数据，给出环境信息在中国资本市场无效的结论。而自 2015 年起，中国开始逐步建立中央环保督察制度，并成立中央环保督察组对全国各省（区、市）开展督察巡视，以前所未有的重视程度和执行力改变了环境信息的风险含量，使环境信息由“非绝对价值相关信息”变为“绝对价值相关信息”。本书通过事件研究与计量分析发现中央环保督察在资本市场发挥了有效作用，公司所在地区经历中央环保督察前发生的环境违规事件对公司市值没有显著影响，而在经历中央环保督察后公告的环境违规事件会使公司异常收益率显著降低。

（2）中央环保督察具备双重特性，通过执行环境规制与施加中央政治压力同时发挥作用。在中央环保督察的过程中不仅依据法律法规对企业环境违规行为进行规制，更重要的是通过施加中央政治压力加强地方政府进行环境管理的执行力。研究结果表明中央环保督察中环境规制越强、受到中央政治压力越大的地区，环境违规信息对公司累计异常收益率产生的负面影响越大。

（3）中央环保督察使得环境管制俘获现象被纠正。以往政商关系对企业环境问题具有保护作用，使企业发生环境违规行为时不会受到实质性的市场惩罚，与地方政府共享环境成本套利。本书检验结果表明这种对于环境的管制俘获会受到中央环保督察下中央政治压力的冲击。

# 第五章　生态环境治理体制下的政商关系转型

生态问责制度在党的十八大后得到系统性建设，在中央环保督察首轮巡视中大量违规企业受到处罚，大量官员被问责。不同于以往单独执行环境规制，中央环保督察嵌入了较大的政治压力，不可避免地影响地方政商关系。本章以2015—2018年中央环保督察组设立并陆续进驻各省（区、市）之后的年度为研究期间，将中央环保督察相关变量作为研究对象，检验其对以企业获得政府补助为代表的政商关系的影响。

## 第一节　引言与研究问题

以往研究中关于中国经济增长的主流观点之一是政企通过牺牲环境等为代价换取经济发展（梁平汉 等，2014；聂辉华 等，2007；袁凯华 等，2015）。利益会滋生地方政府与企业间的机会主义，致使资本裹挟生态。López等学者（2000）就曾指出政企不当行为会导致环境库兹涅茨曲线（Environmental Kuznets Curve，EKC）的拐点提高。因此转变政府与企业实施不当行为的经济发展方式，既是社会发展新阶段的根本要求，也是中国经济发展具备转型基础的现实需求。环境的破坏源于企业的不良生产运营，更源于政府对自然这个公共物品管理保护的不力。如果中央政府不能控制当地执政者就会造成事实上的“新自由环境主义”局面（Lo，2015），使得他们享有高度的自由和灵活性来管理自己的能源消耗，导致环保政策的执行效果无从保障。因此把责任归于政府和公司，所采取的行动将更有效率（Fahlquist，2009）。自 2015 年起中国逐渐以经济高质量发展为导向，以产业升级为契机，以技术创新为核心，以生态问责为手段，加大官员晋升考核的环保风险因素占比，试图对以往政企不当关系进行根本矫正，从而树立风清气正的新型政商关系。

政商关系的发展基于政治生态稳定，而中央环保督察促使地方政府将环保绩效纳入维持政治稳定的考量。我国首轮中央环境保护督察行动除了对企业进行处罚，还约谈、问责了大量地方官员。地方政府与企业长期博弈形成的环境经济利益关系，在面对中央环保督察的政治压力时不可避免地受到冲击，嵌入政治问责的高压执法使得环保问题成为上市公司必须重视的重要风险因素。中央环保督察下政企不当关系是否会被打破，代表了中央环保督察后企业与地方政府是否会谨慎对待利益结构中的环境问题。因此问责期间政商关系的转变直接反映了中国特有背景下中央环保督察从中央到地方政府再到企业的传导有效性，而政府补助资源配置的变化则体现了政府治理重心的改变。

本书将政府补助作为研究中央环保督察下的政商关系变化的切入点，其原因在于企业享有的财政福利、优惠补贴始终是建立政治联系、达成隐性契约的最直接结果（余明桂 等，2010）。政府补助旨在提高社会效率，优化资源配置，但也可能会成为企业寻租的对象（步丹璐 等，2019）。通过政府补助项目能够获知政府与企业的合作行为以及政府主导的产业发展方向，从而进一步观察中央环保督察的执行效果。通过实证检验发现，中央环保督察会削弱地方的政商关系，地方政府在发放政府补助时会更加谨慎，其中政治压力的作用强于环境规制执法强度的作用。具体到政府补助的细分，中央环保督察会使地方政府发放的软约束类补助显著减少，对硬约束类补助没有显著影响，同时还使得环保创新用途以外的补助显著减少。进一步研究发现，企业政治联系中的产权性质会影响中央环保督察效力，国有企业呈现免于中央环保督察影响的检验结果。因聘用具备政治背景的高管建立政治联系而获得的财政补贴在中央环保督察下却难以保持。同时地方对企业的财税依赖度也对中央环保督察效力具有显著影响，财税贡献高的企业能够抵消中央环保督察对政商关系的削弱。在污染治理投资结构相对非优的地区，中央环保督察对政府补助的影响显著，体现了中央环保督察提升政府补助使用效率、调整地方资源配置的作用。

## 第二节　研究假设与逻辑

### 一、制度背景

在中国“十一五”规划期间的相关环保规划研究中就有学者指出，在形成生态红线管理方式的同时，需要建立严格的绩效评估机制，以衡量地方政府对环境法律和政策的执行情况（Liu et al., 2012）。各级政府及有关机构之间需要加强生态管理合作，同时更要明确界定各级政府对资源和环境管理的责任（Lü et al., 2013）。2015 年 1 月，被称为“史上最严环保法”的新修订《中华人民共和国环境保护法》开始实施，同年《党政领导干部生态环境损害责任追究办法（试行）》印发并施行，中国的生态文明建设开始迈入问责制度构建阶段①，生态监管和环保执法体系得到重构。同年成立中共中央环境保护督察委员会，督察组于2015年底入驻河北省，并于2018年完成首轮31省（区、市）巡视工作，巡视期间接受群众举报，约谈、问责大量官员并对违规企业进行严厉处罚，为地方政府与企业带来了巨大的环境政治压力与执法强度。本书所提生态问责均指2015年中央环保督察组进驻地方后开展的一系列工作的事件。

地方政府可能会因为财政分权、金融开放、竞争等因素使得当地环境规制失灵（傅强 等，2016）。问责前的环保执行体系以生态环境部为核心，地方生态环境厅、局根据企业排放指标监测控制企业环境污染，但存在的突出矛盾在于其人事财权受制于地方政府，缺乏独立性，这使得环保部门执法力度存疑。同时地方政府与企业在考虑经济利益的导向下对环境污染的控制与生态补偿不足，由此产生环境成本套利空间。随着中央环保督察制度的逐步确立，地方政府与企业结成的不当关系被打破。生态环境部不再是问责制度的核心，中央环保督察体系下中央环保督察组依据地区综合环境质量直接追责地方政府，直接影响地方政府官员的政治生涯，挤压了政企之间的套利空间。

## 二、理论分析

本书认为中央环保督察具有政治压力与环境规制的耦合性，因改变地方考核风险因素与资源分配方式而影响政商关系。从政府与企业两个层面进行探讨有助于具体的理解和分析。

---

① 2015年5月《关于加快推进生态文明建设的意见》发布，明确需要建立领导干部任期生态文明建设责任制。2015年8月17日，中国政府网公布中共中央办公厅、国务院办公厅印发的《党政领导干部生态环境损害责任追究办法（试行）》，用以强化党政领导干部对自然资源和生态环境保护的责任，并对责任追究方式做出了制度性安排。2015年9月《生态文明体制改革总体方案》公布，2016年7月《中国共产党问责条例》发布，2016年9月《关于省以下环保机构监测监察执法垂直管理制度改革试点工作的指导意见》印发，逐步形成了党政领导班子“党政同责”“一岗双责”的制度体系。

首先，在政府层面，中国生态问责制度具有区别于西方宪政民主政治问责理论的独特背景，也不同于以往的反腐败研究。这部分在本书第三章中已进行详细的讨论。

其次，检验中央环保督察的微观经济效应需要从企业层面展开分析。党的十九大指出社会主要矛盾由物质需求转变为社会需求与心理需求，需要着力于不平衡不充分问题，不良的政商关系会导致政府资源分配的不平衡与不充分。中国经济发展方式的根本变革需要全面建立新型的“亲”“清”政商关系[①]（侯方宇 等，2018），而官员政治生涯预期的改变与激励机制的重塑必然要求官员改变与企业的交往方式。与此同时地方进入 GDP 增量平缓时期，这使得地方政府以牺牲环境为代价换取的经济利益小于在中央环保督察下所面临的政治风险，政府面对企业的态度及其投资行为或许将变得更为谨慎。

政商关系的变化与政府主导的产业发展方向在企业年报中体现于政府补助、税收优惠等指标中，尤其是从政府补助总额、分项内容与性质等中能够更加细致地进行解读，因此本书主要从政府补助角度进行检验分析。在以往研究中，政府补助通常根据效率理论观与寻租理论观开展研究。效率理论正面观点认为政府补助作为国家优化资源配置的重要手段，能够有效避免企业落入僵尸困境（饶静 等，2018），促进企业创新（苏昕 等，2019）；而负面观点则认为受到产业政策支持的企业受到的政府补助越多其投资效率越低（王克敏 等，2017），IPO 公司受到的政府补助越多其市场业绩越差（王克敏 等，2015）。寻租理论则主要结合企业的政治联系进行讨论，由于政府补助没有严格的律法标准，留给地方政府的自主空间大

---

① 习近平总书记在2016年两会期间，首次使用“亲”“清”定位新型政商关系。要求党员领导干部“亲”商，也要廉洁从政，界限分明。对于打造绿色的政治生态、构建公正的市场环境、营造良好的社会风气具有重大意义。详情参见：http://fanfu. people. com. cn/n1/2016/0601/c6437128403201. html。

且界限模糊（余明桂 等，2010），企业具有强动机与政府结成某种不当关系以获取政治影响优势下的利益（Hellman et al.，2003），因此在企业拥有政治联系时寻租行为更容易发生。政治联系还会导致政府补助运作效率低下（潘越 等，2009）。但政治问责能够减少寻租（Benhabib et al.，2010）与机会主义行为（Eckardt，2008），这意味着政企之间的非合理联系在中央环保督察下也可能减少。综上，提出假设1（H1）：

H1：中央环保督察会矫正以往的政商关系。

进一步地，中央环保督察在向下传导的过程中既对企业执行了环境规制也对地方政府施加了政治压力。根据马克思主义政治经济学思想，政治力量的介入对避免资本垄断、维持生态稳定具有重要作用（刘伟，2016；福斯特 等，2012）。环保监督使得中央政府与地方政府之间形成了新的博弈模式，中央环保督察带来的政治压力由于主体明确，有效纠正了“权责不一”现象（张凌云 等，2018），促使政府提高其执政水平。另一方面，触发企业环境主动性的基本因素是环境动机（Bansal et al.，2000），这些动机主要体现为商业导向的和可持续导向的，分别强调经济绩效和道德法制要求。而中小企业考虑环境问题的主要动机是满足立法要求，道德责任在其次（Dey et al.，2018），可见环保执法才是规范污染终端的直接手段。因此执法力度与政治压力都可能会影响地方政企双方对待环境问题的处理方式。本书认为政治压力从根本上挤压了政企环境成本套利的空间，规范政府行为才是保障执法有效性的前提，因此提出假设2（H2）：

H2：中央环保督察中的政治压力对政商关系的影响强于环境规制执法的影响。

财政分权理论（Xu，2011）认为地方政府竞争能够提高经济资源的配置效率（周黎安，2007），但也会产生政府的无效率竞争和企业寻租行为（步丹璐 等，2013），促使政府为谋求经济绩效而罔顾生态损害。如果进一步讨论政府补助的性质，则政商关系中的寻租空间多通过任意性的政府补助与投资实现。步丹璐等学者（2014）就曾将政府补助分为硬约束类型（Hard）和软约束类型（Soft）；约束性弱的补助项目更容易被地方政府进行不合理操控，流向资源配置效率低但财政依赖度高的产业。因此环保督察带来的中央生态问责压力或许能适当地规范资源配置，并且约束财政分权下地方政府间的不当竞争。

有学者指出对政府问责会导致官员的避责与不作为等消极行为（金宇超 等，2016；倪星 等，2018），也有地方政府在面临利益冲突与复杂生态压力时会采取临时性措施（Chen et al.，2013；Ghanem et al.，2014）。环保督察会导致被监督地区企业减产，而企业的环保投资并未显著增加。这表明地方政府在被问责后可能会做出“一刀切”行为，直接关停部分企业或减少政府支持，以不作为或少作为来避免“多做多错”的风险（沈洪涛等，2017）。相对于有明确法规标准与目的的补助，被问责的地方政府倾向于优先选择减少软约束性补助中的不合理部分。但中央环保巡视的目的不仅仅是打击政企环保套利，更重要的是优化地方环境治理的政治生态和执法环境。因此从提高资源效率、促进产业转型与长期发展的角度出发，即使总体上政商关系因中央环保督察而被矫正，绿色创新型产业仍然应当得到地方政府的保护。综上，提出假设 3（H3）：

H3a：中央环保督察会约束政府任意性行为从而减少软约束性补助。

H3b：中央环保督察会促进绿色创新型产业发展，增加环保创新类补助。

# 第三节 模型推演与样本选择

## 一、模型构建与变量选择

由于中央环境保护督察入驻每个省（区、市）的时间点不同，因此本书借鉴 Beck 等学者（2010）所采用的多期双重差分法（Multiphase DID），构建了以政府补助为因变量、是否经历中央环保督察为主要观察变量的基本模型进行检验。

$$\text{Subsidy}_{i,t} = \alpha + \beta \text{EA}_{p,i} \cdot T + \delta X_{p,t} + \lambda E_{i,t} + A_i + B_t + \varepsilon_{i,t} \quad (5-1)$$

其中 Subsidy 为企业获得的政府补助变量，$X_{p,t}$和 $E_{i,t}$分别为一系列随时间变化的区域特征变量和公司特征变量，$A_i$与 $B_t$分别表示公司和年份的哑变量，用来控制公司的个体效应和年份固定效应。$\text{EA}_{p,i} \cdot T$ 是主要 DID 估计量，同时反映了 $i$ 公司所在 $p$ 地中央环保督察系列变量以及被问责的时间 $T$。$T$ 是基于中央环境保护督察组分别进驻各省（区、市）的时间哑变量，被问责之后的时期 $T$ 取值为 1，否则为零。

具体而言，为了验证假设 1，本书在基本模型的基础上构建了如下的检测模型：

$$\begin{aligned}\text{Subsidy}_{i,t} = {} & \alpha_0 + \alpha_1 \text{EcoAcc}_{p,i} \cdot T + \alpha_2 \text{Pollu}_{p,t} + \alpha_3 \text{Deficit}_{p,t} + \alpha_4 \text{Size}_{i,t} \\ & + \alpha_5 \text{Long}_{i,t} + \alpha_6 \text{Capital}_{i,t} + \alpha_7 \text{BIr}_{i,t} + \alpha_8 \text{Sustain}_{i,t} + \alpha_9 \text{FA}_{i,t} \\ & + \alpha_{10} \text{IA}_{i,t} + \alpha_{11} \text{LEV}_{i,t} + \text{Year}_t + \text{Firm}_i + \varepsilon_{i,t} \qquad (5-2)\end{aligned}$$

式（5-2）中定义 $\text{EcoAcc}_{p,i} \cdot T$ 为是否接受中央环保督察，当中央环境保护督察在 $t$ 期入驻 $i$ 企业所在地区 $p$ 并开展督察、接收环境问题举报时，当期及以后年度 $\text{EcoAcc}_{p,i} \cdot T$ 为 1，否则为 0。

控制的其他宏观变量和企业特征变量为：Pollu 为 $p$ 地区工业污染治理

完成投资额，为了减少内生性与经济效应滞后性，对数据进行滞后一期处理；Deficit 为地区财政赤字变量，地方赤字越大则能够提供给公司的政府补助资源越少，将其定义为（财政支出-财政收入）/该地区当期 GDP。Size 为公司规模，定义为公司总资产取对数；Long 为长期资本收益率，定义为（净利润+所得税费用+财务费用）/长期资本额；Capital 为资本积累率，定义为（所有者权益合计本期期末值-所有者权益合计本期期初值）/所有者权益合计本期期初值；BIr 为营业收入增长率；Sustain 为可持续增长率，定义为净资产收益率×收益留存率/（1-净资产收益率×收益留存率）；FA 为固定资产占比；IA 为无形资产占比；LEV 为财务杠杆。涉及的所有变量均列示于表 5-1。

**表 5-1 变量定义表**

| 变量名称 | 变量符号 | 变量定义 |
| --- | --- | --- |
| 政府补助 | Subsidy | 公司政府补助当期金额取对数 |
| | SUBs | 公司政府补助按照约束性强弱分为硬约束类（Hard）和软约束类（Soft）；根据用途分为环保创新类（GT）和其他（Other），并取对数 |
| 中央环保督察哑变量 | EcoAcc | 中央环境保护督察在 $t$ 期入驻地区 $p$ 开展督察并接收环境问题举报时，EcoAcc 为 1，否则为 0 |
| 中央政治压力 | EAnum | 地区 $p$ 在 $t$ 期被问责总人数加 1 再取对数 |
| | EAsummon | 地区 $p$ 在 $t$ 期被约谈总人数加 1 再取对数 |
| 环境规制强度 | EApunish | 地区 $p$ 在 $t$ 期环保督察期间立案处罚数加 1 再取对数 |
| 公司规模 | Size | 公司本期总资产取对数 |
| 长期资本收益率 | Long | （本期净利润+本期所得税费用+本期财务费用）/本期长期资本额 |
| 工业治污投资 | Pollu | 地区 $p$ 在 $t$-1 期工业污染治理完成投资额 |
| 地区财政赤字 | Deficit | （当期财政支出-当期财政收入）/该地区当期 GDP |

表5-1(续)

| 变量名称 | 变量符号 | 变量定义 |
| --- | --- | --- |
| 资本积累率 | Capital | (所有者权益合计本期期末值-所有者权益合计本期期初值)/所有者权益合计本期期初值 |
| 营业收入增长率 | BIr | (营业收入本期金额-营业收入上一期金额)/营业收入上一期金额 |
| 可持续增长率 | Sustain | 本期净资产收益率×收益留存率/(1-净资产收益率×收益留存率) |
| 固定资产占比 | FA | 当期固定资产净值/总资产 |
| 无形资产占比 | IA | 当期无形资产净值/总资产 |
| 财务杠杆 | LEV | 公司资产负债率:本期总负债/本期总资产 |
| 地区环境质量 | Air | 地区空气污染物排量 |
| | Water | 地区废水排量 |
| 高管政治背景 | Poli | 公司董监高曾任政府官员或党员干部则取1,否则取0 |
| 企业转型升级潜力 | Create | 公司研发投入金额取对数 |
| 年份 | Year | 时间固定效应 |
| 公司 | Firm | 公司个体效应 |

为了进一步检验假设2,在式(5-2)的基础上将中央环保督察效力分为政治压力与环境规制执法力度进行检验,构建式(5-3):

$$\begin{aligned} \text{Subsidy}_{i,t} = & \alpha_0 + \alpha_1 \text{EAs}_{p,i} \cdot T + \alpha_2 \text{Pollu}_{p,t} + \alpha_3 \text{Deficit}_{p,t} + \alpha_4 \text{Size}_{i,t} \\ & + \alpha_5 \text{Long}_{i,t} + \alpha_6 \text{Capital}_{i,t} + \alpha_7 \text{BIr}_{i,t} + \alpha_8 \text{Sustain}_{i,t} + \alpha_9 \text{FA}_{i,t} \\ & + \alpha_{10} \text{IA}_{i,t} + \alpha_{11} \text{LEV}_{i,t} + \text{Year}_t + \text{Firm}_i + \varepsilon_{i,t} \end{aligned} \quad (5-3)$$

EAs表示中央环保督察细分指标集合,其中包括政治压力EAnum,表示被问责官员数量,由$i$企业所在地区$p$被问责总人数加1再取对数;EA-punish为中央环境保护督察组入驻到给出反馈结果期间的立案处罚案件数,由$i$企业所在地区$p$环保督察期间的立案处罚数加1再取对数。

在考虑政府补助细分性质后构建式(5-4)对H3进行检验。本书采用两种划分方式:一是借鉴步丹璐和王晓艳(2014)的研究将政府补助按照约束性强弱手工整理为硬约束类（Hard）和软约束类（Soft）[①]；二是依据上市公司年度报表附注中披露的政府补助项目明细、发放原因、发放主体判断补助目的，将用于环保、减排、节能、清洁生产、能源再生、生态修复、技术改造等相关的政府补助进行手工整理后划分为环保创新类（GT），其余划分为其他用途类（Other）。SUBs 表示政府补助分类变量集合，如下：

$$
\begin{aligned}
SUBs_{i,t} = {} & \alpha_0 + \alpha_1 EcoAcc_{p,i} \cdot T + \alpha_2 Pollu_{p,t} + \alpha_3 Deficit_{p,t} + \alpha_4 Size_{i,t} \\
& + \alpha_5 Long_{i,t} + \alpha_6 Capital_{i,t} + \alpha_7 BIr_{i,t} + \alpha_8 Sustain_{i,t} + \alpha_9 FA_{i,t} \\
& + \alpha_{10} IA_{i,t} + \alpha_{11} LEV_{i,t} + Year_t + Firm_i + \varepsilon_{i,t}
\end{aligned} \tag{5-4}
$$

## 二、样本选择与数据来源

本书采用 2015—2018 年共 4 期的 A 股上市公司为样本，并依据上市公司行业分类结果与上市公司环保核查名录综合考虑，剔除文化传媒、服务业、金融业等，得到会产生污染的行业样本。剔除数据缺失值后追踪样本数量为 9 035 个。

时间窗口选择 2015—2018 年的原因在于我国自 2015 年起开始逐步搭建生态问责法治框架，中央环保督察组陆续进驻各地方，于 2018 年初结束 31 个省（区、市）首轮巡视并反馈结果。

涉及的公司财务报表数据以及非财务数据由 CSMAR 数据库、RESSET 数据库收集得出。中央环保督察相关数据由生态环境部网站手工整理得出。相关区域经济数据通过国家统计局网站整理、收集得出，相关环境数据通过中国环境统计年鉴整理、收集得出。

① 根据步丹璐和王晓艳（2014）的研究，硬约束补助（Hard）是指国家制定了法律法规明确补助条件、补助目的的政府补助，如再就业补贴、信贷补贴、资源补贴、新技术补贴、税收补贴、农业补贴、地租补贴、信贷补贴、外贸出口补贴、公共补贴、上市补贴等。软约束补助（Soft）则是约束性较弱的补助，国家没有明确其补助条件与补助目的，如企业发展基金、行业发展基金、企业扶持基金等。

# 第四节　基本分析

## 一、描述性统计与相关性检验

本书首先依据中央环保督察中各省（区、市）所受的政治压力与其环境规制执法力度绘制了政府补助趋势图。如图 5-1 所示，上半图中中央环保督察后被问责官员数量越多，即政治压力越大的省（区、市），所发放的政府补助均值越低；下半图中中央环保督察后被立案处罚数越多，即环境规制执法力度越大的省（区、市），所发放的政府补助均值越低。中央环保督察后政府补助均值的线性趋势是随着政治压力与环境规制执法力度的增大而降低。

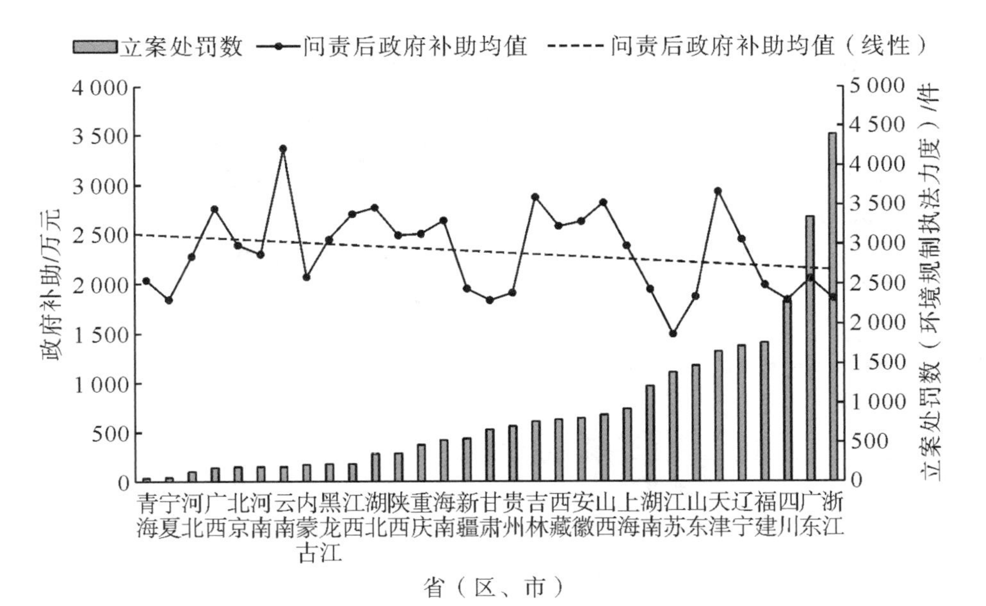

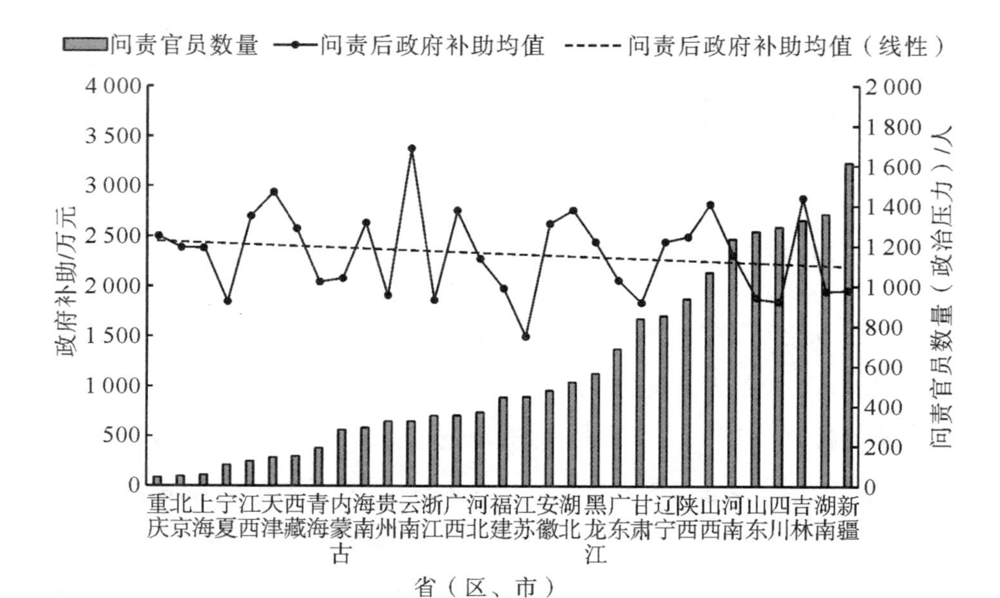


**图 5-1　中央环保督察与政府补助趋势**

根据地区在一个时期内是否受到中央环保督察，表 5-2 将地区内的公司分为被问责区组和未被问责区组进行组间差异检验。结果显示均值检验中未被问责公司的政府补助（Subsidy）高于受到中央环保督察的公司，两者的均值在 5%的水平上存在显著差异。

**表 5-2　组间描述性统计与差异检验**

| 变量 | 全样本均值 | 中央环保督察前均值 | 中央环保督察后均值 | 均值检验 |
|---|---|---|---|---|
| | *N*=9 035 | *N*=2 878 | *N*=6 157 | *T* 值 |
| Subsidy | 16. 140 | 16. 195 | 16. 114 | 2. 379** |
| Size | 22. 040 | 22. 069 | 22. 026 | 1. 599 |
| Long | 0. 083 | 0. 085 | 0. 082 | 0. 273 |
| Pollu | 12. 585 | 12. 649 | 12. 555 | 4. 794*** |
| Deficit | 0. 085 | 0. 092 | 0. 081 | 4. 437*** |
| Capital | 0. 239 | 0. 303 | 0. 208 | 2. 258* |

表5-2(续)

| 变量 | 全样本均值 | 中央环保督察前均值 | 中央环保督察后均值 | 均值检验 |
|---|---|---|---|---|
| | $N$=9 035 | $N$=2 878 | $N$=6 157 | $T$值 |
| BIr | 7.335 | 1.061 | 10.268 | -0.953 |
| Sustain | 0.053 | 0.032 | 0.062 | -1.635 |
| FA | 0.228 | 0.247 | 0.219 | 8.195*** |
| IA | 0.049 | 0.052 | 0.048 | 3.501*** |
| Lev | 0.405 | 0.413 | 0.402 | 2.118** |

注：根据 EcoAcc 进行分组检验，均值差异检验使用 $T$ 检验，中位数差异检验采用非参数检验；*、**、*** 分别表示 10%、5%、1%水平显著。

表 5-3 列出了中央环保督察相关指标的描述性统计特征，均值均略高于中位数样本，呈现轻微右偏，并且被问责人数最多的省份有 1 613 人，而最少的只有 40 人，可见各省份受到的中央环保督察压力差距较大。

**表 5-3　中央环保督察细分变量描述性统计**

| 变量 | $N$ | Mean | Median | St. Dev | max | min |
|---|---|---|---|---|---|---|
| EAnum | 31 | 581.935 | 444 | 464.894 | 1 613 | 40 |
| EAsummon | 31 | 594.161 | 581 | 446.611 | 1 589 | 32 |
| EApunish | 31 | 921.677 | 661 | 987.686 | 4 387 | 47 |

注：为了清晰列示中央环保督察情况，相关数据为各省份原值且未考虑时间虚拟变量。

表 5-4 给出了各变量之间的 Pearson 和 Spearman 相关系数分析。可以看到在 Pearson 相关分析中当地是否受到中央环保督察（EcoAcc）与企业当期获得的政府补助呈显著的负相关，在 Spearman 结果中呈负相关但不显著。从以上结果初步判断被问责区组的政商关系弱于未被问责区组，但仍然存在众多可能的影响因素，需要在回归分析中进一步讨论。

表 5-4 相关系数表

| | Subsidy | EcoAcc | Size | Long | Pollu | Deficit | Capital | BIr | Sustain | FA | IA | LEV |
|---|---|---|---|---|---|---|---|---|---|---|---|---|
| Subsidy | 1 | −0. 026 ** | 0. 573 *** | 0. 028 *** | −0. 033 *** | 0. 012 | −0. 030 *** | −0. 027 *** | −0. 004 | 0. 127 *** | 0. 002 | 0. 238 *** |
| EcoAcc | −0. 003 | 1 | −0. 017 | −0. 004 | −0. 050 *** | −0. 051 *** | −0. 019 * | 0. 007 | 0. 012 | −0. 088 *** | −0. 037 *** | −0. 022 ** |
| Size | 0. 609 *** | −0. 01 | 1 | 0. 009 | −0. 076 *** | 0. 059 *** | 0. 001 | 0. 022 ** | −0. 016 | 0. 166 *** | 0. 042 *** | 0. 430 *** |
| Long | 0. 085 *** | 0. 046 *** | 0. 049 *** | 1 | 0. 029 *** | −0. 021 * | 0. 085 *** | 0. 002 | 0. 071 *** | −0. 020 * | −0. 022 ** | −0. 148 *** |
| Pollu | −0. 063 *** | −0. 059 *** | −0. 079 *** | 0. 075 *** | 1 | −0. 625 *** | 0. 021 ** | 0. 009 | −0. 003 | −0. 009 | −0. 046 *** | −0. 058 *** |
| Deficit | 0. 078 *** | −0. 095 *** | 0. 133 *** | −0. 112 *** | −0. 610 *** | 1 | −0. 006 | −0. 006 | −0. 004 | 0. 102 *** | 0. 079 *** | 0. 054 *** |
| Capital | −0. 001 | −0. 046 *** | −0. 024 * | 0. 568 *** | 0. 065 *** | −0. 115 *** | 1 | 0. 003 | −0. 187 *** | −0. 041 *** | −0. 019 * | −0. 080 *** |
| BIr | −0. 001 | −0. 017 | 0. 017 | −0. 034 *** | −0. 065 *** | 0. 049 *** | 0. 055 *** | 1 | 0 | 0. 021 * | −0. 007 | 0. 006 |
| Sustain | 0. 064 *** | 0. 067 *** | 0. 047 *** | 0. 785 *** | 0. 040 *** | −0. 088 *** | 0. 565 *** | −0. 001 | 1 | −0. 01 | 0. 022 ** | −0. 003 |
| FA | 0. 132 *** | −0. 088 *** | 0. 093 *** | −0. 067 *** | 0. 018 * | 0. 123 *** | −0. 156 *** | −0. 193 *** | −0. 113 *** | 1 | 0. 023 ** | 0. 141 *** |
| IA | 0. 079 *** | −0. 059 *** | −0. 030 *** | −0. 063 *** | 0. 002 | 0. 070 *** | −0. 052 *** | −0. 026 ** | −0. 068 *** | 0. 216 *** | 1 | 0. 035 *** |
| LEV | 0. 317 *** | −0. 028 *** | 0. 520 *** | −0. 060 *** | −0. 085 *** | 0. 130 *** | −0. 150 *** | 0. 037 *** | −0. 059 *** | 0. 099 *** | −0. 040 | 1 |

注：上下半角分别为 Pearson 和 Spearman 相关系数；*、**、*** 分别表示 10%、5%、1%水平显著。

## 二、平行趋势检验

由于模型选用了多期双重差分法，因此在评估政策效果时有必要识别控制组与处理组样本在中央环保督察发生前是否具有一致的趋势，以保证两者的可比性。为作参考，在计量中使用各个年份的哑变量与环保督察实验组变量的交互项，以观察政策前的交互项系数是否不显著。

$$\text{Subsidy}_{i,\ t} = \alpha + \beta_{t-4} T\_\text{after}_{i,\ p,\ t-4} + \beta_{t-3} T\_\text{after}_{i,\ p,\ t-3} + \cdots \beta_{t+3} T\_\text{after}_{i,\ p,\ t+3} + \text{Year} + \varepsilon \tag{5-5}$$

在式（5-5）中 $T\_\text{after}_{i,p,t-m}$ 和 $T\_\text{after}_{i,p,t+n}$ 分别表示中央环保督察前 $m$ 年和后 $n$ 年的虚拟变量，$T\_\text{after}_{i,p,t}=\text{EA}_{p,i}\cdot T$。$\beta_{t-m}$ 表示政策执行前的 $m$ 期产生的影响，$\beta_{t+n}$ 表示政策执行后的 n 期产生的影响。采用更长样本期的检验政策的平衡趋势更为稳健，因此采用的窗口期包含了扩展后的时期，即 2013—2018 年。由于首轮中央环保督察由 2015 年年底持续到 2017 年年中，因此针对多期政策执行时间，样本政策前最长时期为 4 期，即 $m\in[1,2,3,4]$，而政策后样本时期最长为 3 期，即 $n\in[0,1,2,3]$。

在本书的研究背景下，$t-m$ 至 $t+n$ 时间范围内每个样本只经历一次政策处理。在两个可能的结果值 $y(\omega_j)$ 和 $y(\omega_k)$ 之间的平均处理效应（ATE）可以表示为：

$$\text{ATE}_{jk} = E[y(\omega_j) - y(\omega_k)] = E(y|\omega_j) - E(y|\omega_k) \tag{5-6}$$

则虚拟变量 $T\_\text{after}_{i,p,t+n}$ 的系数为：

$$\beta_{t+n} = \text{ATE}_{(t+n)\text{before}} = E(y|\omega_{t+n}) - E(y|\omega_{\text{before}}) \tag{5-7}$$

但每一期虚拟变量的系数并不是我们需要的平均处理效应 ATT。ATT 应为：

$$\begin{aligned}\text{ATT}_{t+n} &= E(y|\omega_{t+n}) - E(y|\omega_t) \\ &= E(y|\omega_{t+n}) - E(y|\omega_{\text{before}}) - [E(y|\omega_t) - E(y|\omega_{\text{before}})] \\ &= \beta_{t+n} - \beta_t\end{aligned} \tag{5-8}$$

又由于在中央环保督察冲击前的总处理效应为 0，即：

$$
\begin{aligned}
& \mathrm{ATT}_{t-4} + \mathrm{ATT}_{t-3} + \mathrm{ATT}_{t-2} + \mathrm{ATT}_{t-1} \\
= & (\beta_{t-4} - \beta_t) + (\beta_{t-3} - \beta_t) + (\beta_{t-2} - \beta_t) + (\beta_{t-1} - \beta_t) \\
= & 0
\end{aligned} \tag{5-9}
$$

因此 $\beta_t = (\beta_{t-4} + \beta_{t-3} + \beta_{t-2} + \beta_{t-1})/4$。综上，各期的平均处理效应 ATT 等于各期虚拟变量的系数与处理前各期系数均值的差。

图 5-2 直观地呈现了中央环保督察在不同年份对企业政府补助的动态效应。$t$ 期为政策执行当期，本书选取了政策执行前一期 $t-1$ 作为基准组（图中略过），用以防止模型计算中虚拟变量的完全共线性。从图中可以明显看到，在中央环保督察组入驻之前估计系数在 0 值附近波动，并且 95% 的置信区间包含了 0 值，而中央环保督察组入驻当期及之后估计系数显著为负。结果表明政策的冲击效应是存在的，处理组与控制组在政策执行前没有显著的差异，满足了平行趋势检验，两者可以进行比较。

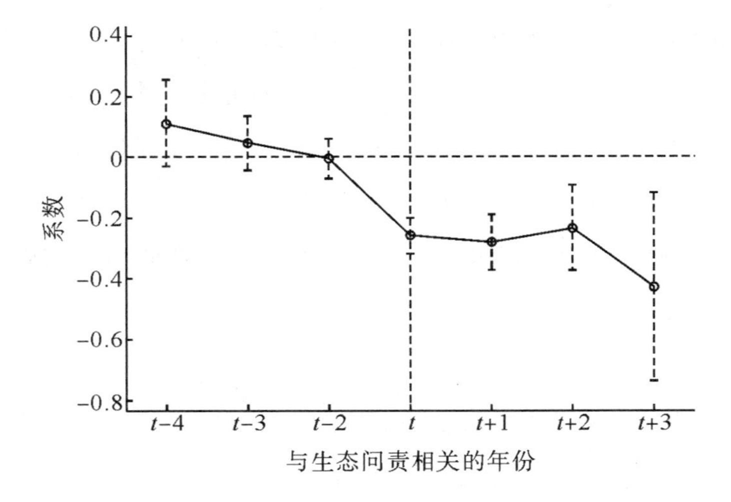


**图 5-2 中央环保督察对企业政府补助影响的动态效应**

## 三、基础检验

### （一）中央环保督察对政商关系的主要影响

根据 H1，我们按照式（5-2）设定对政府补助和中央环保督察进行了面板数据多期双重差分的固定效应模型检验，表 5-5 中 Panel A 第（1）列列示了具体检验结果。变量 EcoAcc · $T$ 的系数-0.102 在 1%水平显著，即地区受到中央环保督察的影响后当地公司获得的政府补助会减少，这表明政商关系在一定程度上被中央环保督察削弱。地方政府在中央环保督察组巡视后，总体上在给予企业补贴政策时表现得更加谨慎，如果地方存在不合理补助则意味着中央环保督察能够对当地政企不当行为起到抑制作用。

**表 5-5　中央环保督察及其细分特征对政府补助影响的检验结果**

| Dep. Var= Subsidy | Panel A | Panel B | |
|---|---|---|---|
| | 中央环保督察对政府补助的影响 | 细分特征 | |
| | | 政治压力 | 规制强度 |
| | (1) | (2) | (3) |
| EcoAcc · $T$ | -0.102***<br>(-2.724) | - | - |
| EAnum · $T$ | - | -0.019***<br>(-3.117) | - |
| EApunish · $T$ | - | - | -0.014***<br>(-2.675) |
| Size | 0.670***<br>(10.881) | 0.671***<br>(10.916) | 0.672***<br>(10.915) |
| Long | 0.116***<br>(3.785) | 0.117***<br>(3.762) | 0.116***<br>(3.775) |
| Pollu | 0.089***<br>(2.947) | 0.082***<br>(2.718) | 0.088***<br>(2.883) |
| Deficit | -2.779*<br>(-1.750) | -2.971*<br>(-1.879) | -3.069*<br>(-1.897) |
| Capital | -0.013*<br>(-1.703) | -0.013*<br>(-1.692) | -0.013*<br>(-1.707) |
| BIr | -0.000***<br>(-22.424) | -0.000***<br>(-22.243) | -0.000***<br>(-22.365) |
| Sustain | -0.010<br>(-0.841) | -0.010<br>(-0.828) | -0.010<br>(-0.837) |
| FA | 0.951***<br>(3.081) | 0.950***<br>(3.086) | 0.948***<br>(3.070) |
| IA | -1.014<br>(-0.932) | -1.021<br>(-0.940) | -1.017<br>(-0.936) |

表5-5(续)

| Dep. Var=Subsidy | Panel A | Panel B | |
|---|---|---|---|
| | 中央环保督察对政府补助的影响 | 细分特征 | |
| | | 政治压力 | 规制强度 |
| | (1) | (2) | (3) |
| LEV | 0.156<br>(1.379) | 0.156<br>(1.381) | 0.157<br>(1.389) |
| Firm | Yes | Yes | Yes |
| Year | Yes | Yes | Yes |
| Constant | 0.197<br>-0.14 | 0.292<br>-0.207 | 0.203<br>-0.144 |
| $N$ | 9 035 | 9 035 | 9 035 |
| Adj. $R^2$ | 0.722 | 0.723 | 0.722 |

注：括号内为 $T$ 值；*、**、*** 分别表示 10%、5%、1%水平显著。

(二) 中央环保督察中政治压力与环境规制的效力差异

对中央环保督察细分特征的检验结果如表 5-5 中 Panel B 所示。第 (2) 列显示了中央环保督察中的政治压力影响，被问责官员数量 EAnum · $T$ 的系数为-0.019，在 1%水平显著，这表明中央生态问责给地方带来的政治压力越大，企业得到的财政补贴越少。

第 (3) 列则列示了中央环保督察规制强度对政府补助影响的回归结果，立案处罚数 EApunish · $T$ 的系数为-0.014，在 1%水平显著，这表明中央环保督察组入驻期间对环保问题的执法力度与企业获得的政府补助存在显著的负相关关系，因此在中央环保督察下对生态问题的处罚力度越强、对环保要求越严格的地区，越不容易产生政企间的环保政策套利。比较发现，政治压力对政府补助的影响略强于环境规制的影响，支持了 H2，表明适当辅以政治压力更有助于让地方政府推行环保措施。

(三) 不同性质类别政府补助影响研究

对政府补助进行分类检验的结果如表 5-6 所示。从补助约束性强弱的划分来看，Panel A 第 (1) 列结果表明中央环保督察对硬约束类补助 (Hard) 并没有显著影响，而第 (2) 列 EcoAcc · $T$ 系数为-0.124，在 1%

的水平显著，即在受到中央环保督察影响后的地区的企业获得的软性政府补助（Soft）显著减少，说明地方政府在接受中央环保督察组巡视后对自身的任意性行为进行了约束，支持了 H3a。Panel B 列示了中央环保督察对政府补助中的环保创新类补助（GT）与其他补助（Other）的影响检验结果。第（3）列结果表明用于支持环保创新的政府补助并没有发生显著改变，第（4）列 EcoAcc · *T* 系数为-0.141，通过了 1%的显著水平检验，即其他用途的政府补助显著减少。结果没有支持 H3b，地方政府在中央环保督察后对其他类型的企业的财政补贴发放更加谨慎，但并没有显著增加也没有显著减少对环保创新企业的扶持，在总体发放补助更少的情况下还是保持住了对企业环保创新发展的补贴。

**表 5-6 中央环保督察对政府补助不同性质类别的影响的检验结果**

| Dep. Var=Subsidy | Panel A | | Panel B | |
|---|---|---|---|---|
| | 按约束性质划分 Subsidy | | 按目的用途划分 Subsidy | |
| | Hard | Soft | GT | Other |
| | (1) | (2) | (3) | (4) |
| EcoAcc · *T* | -0.076<br>(-0.866) | -0.124***<br>(-2.880) | -0.291<br>(-1.357) | -0.141***<br>(-3.000) |
| Size | 0.573***<br>(4.136) | 0.776***<br>(12.044) | 0.189<br>(0.606) | 0.851***<br>(11.955) |
| Long | 0.160<br>(0.881) | 0.001<br>(0.012) | -0.071<br>(-0.261) | -0.001<br>(-0.012) |
| Pollu | 0.196***<br>(2.707) | 0.043<br>(1.232) | 0.343*<br>(1.842) | 0.089**<br>(2.427) |
| Deficit | 1.495<br>(0.403) | -3.980**<br>(-2.128) | 1.101<br>(0.119) | -5.000**<br>(-2.526) |
| Capital | -0.009<br>(-1.261) | -0.004<br>(-0.507) | 0.003<br>(0.099) | -0.008<br>(-0.808) |
| BIr | 0.000<br>(0.516) | -0.000***<br>(-6.538) | -0.002<br>(-1.465) | 0.000**<br>(2.195) |
| Sustain | -0.014<br>(-0.405) | 0.012<br>(1.301) | -0.003<br>(-0.023) | 0.007<br>(0.661) |
| FA | -0.152<br>(-0.249) | 1.264***<br>(4.123) | 1.379<br>(1.016) | 0.596*<br>(1.867) |

表5-6(续)

| Dep. Var=Subsidy | Panel A | | Panel B | |
|---|---|---|---|---|
| | 按约束性质划分 Subsidy | | 按目的用途划分 Subsidy | |
| | Hard | Soft | GT | Other |
| | (1) | (2) | (3) | (4) |
| IA | -0.847<br>(-0.487) | -0.775<br>(-0.680) | 3.478<br>(0.918) | -0.661<br>(-0.526) |
| LEV | 0.025<br>(0.134) | 0.204<br>(1.617) | -0.832<br>(-0.982) | 0.171<br>(1.299) |
| Firm | Yes | Yes | Yes | Yes |
| Year | Yes | Yes | Yes | Yes |
| Constant | -0.945<br>(-0.294) | -1.618<br>(-1.073) | 4.901<br>-0.673 | -3.696**<br>(-2.244) |
| $N$ | 5 866 | 8 877 | 6 243 | 8 863 |
| Adj. $R^2$ | 0.598 | 0.644 | 0.59 | 0.648 |

注：括号内为 $T$ 值；*、**、*** 分别表示 10%、5%、1%水平显著。

## 第五节　稳健性检验

### 一、考虑样本选择偏差：地区环境质量与公司研发基础

地区受到的问责处罚压力大也可能是由于该地区原本环境质量较差，因此样本的初始值可能存在偏差。为了消除各省（区、市）环境质量差异带来的影响，本书引入地区空气污染 Air 与废水量 Water 来控制各省份的环境质量基础，相关数据来源于国家统计局网站①。由于当期问责处罚取决于过去的环境表现，因此本书将污染数据进行滞后一期处理。表 5-7 第（1）~（2）列结果显示，在分别控制了地区环境的空气污染和水污染后，

① 空气污染 Air 使用烟（粉）尘排放量（吨）衡量，废水污染 Water 采用废水排放总量（万吨）衡量。参见国家统计局网站：http://data.stats.gov.cn/easyquery.htm? cn=E0103。

实证结果依然稳健，地区环境质量偏差并不影响中央环保督察的效力。

此外，现有研究集中于验证政府补助促进企业创新的真实性（苏昕等，2019），或探究如何通过缓解企业的外部融资约束等以实现创新可持续性（李健 等，2016），却忽略了企业自身追求创新的积极程度与潜力同样会影响政府补助的获得。在中央环保督察的背景下，政府亟须调整产业战略，重污染与落后产能企业面临巨大压力，亟须转型，这意味着积极进行技术升级的企业更容易获得财政补贴支持。因此本书设定企业研发投入金额取对数为 Create 变量，进一步控制公司个体不同研发基础产生的影响。表 5-7 第（3）列结果显示有良好研发基础的公司的确能够获得更多的政府补助，但并不影响中央环保督察效力，实证结果依然稳健。

**表 5-7　稳健性检验一：考虑地区与个体差异**

| Dep. Var=Subsidy | 地区环境质量偏差 | | 公司研发基础偏差 |
|---|---|---|---|
| | (1) | (2) | (3) |
| EcoAcc | -0.104***<br>(-2.718) | -0.102***<br>(-2.719) | -0.109***<br>(-2.942) |
| Air | -0.016<br>(-0.202) | - | - |
| Water | - | 0.014<br>(0.068) | - |
| Create | - | - | 0.113***<br>(3.937) |
| Size | 0.670***<br>(10.876) | 0.670***<br>(10.883) | 0.526***<br>(9.593) |
| Long | 0.116***<br>(3.784) | 0.116***<br>(3.785) | 0.107***<br>(4.247) |
| Pollu | 0.088***<br>(2.922) | 0.090***<br>(2.864) | 0.097***<br>(3.362) |
| Deficit | -2.803*<br>(-1.757) | -2.760*<br>(-1.717) | -3.654**<br>(-2.399) |

表5-7(续)

| Dep. Var=Subsidy | 地区环境质量偏差 | | 公司研发基础偏差 |
|---|---|---|---|
| | (1) | (2) | (3) |
| Capital | −0.013* (−1.705) | −0.013* (−1.700) | −0.010 (−0.738) |
| BIr | −0.000*** (−22.454) | −0.000*** (−22.416) | −0.002*** (−7.970) |
| Sustain | −0.010 (−0.842) | −0.010 (−0.842) | 0.003 (0.062) |
| FA | 0.951*** (3.083) | 0.950*** (3.081) | 0.690*** (2.741) |
| IA | −1.015 (−0.933) | −1.013 (−0.932) | −0.366 (−0.496) |
| LEV | 0.156 (1.380) | 0.156 (1.380) | 0.114 (1.316) |
| Firm | Yes | Yes | Yes |
| Year | Yes | Yes | Yes |
| Constant | 0.415 (0.230) | 0.016 (0.005) | 1.448 (1.189) |
| $N$ | 9 035 | 9 035 | 8 370 |
| Adj. $R^2$ | 0.722 | 0.722 | 729 |

注：括号内为 $T$ 值；*、**、*** 分别表示 10%、5%、1%水平显著。

## 二、基于中央环保督察数据期间的扩展检验

我国自 2015 年开始逐步建立生态问责法治体系，但直至 2015 年底中央环保督察组才得以成立并首次进驻河北省，实质巡视督察主要集中在 2016 年之后①。为保证结果稳健，本书以 2016 年为起点开始标记不同时期的被问责省份，2016 年之前的都标记为未被问责地区，进行检验后实证结

① 中央环境保护督察组于 2015 年 12 月 31 日至 2016 年 2 月 4 日对河北省开展了环境保护督察，并形成督察反馈意见，因此河北省的被问责时间也可以选择 2016 年作为起点，实证结果依然成立。相关内容详见：http://www.mee.gov.cn/home/rdq/jdzf/zyhjbhdc/fkqk/201605/t20160524_344569.shtml。

果见表 5-8 第（1）列，EcoAcc 检验系数为-0.102，在 1%水平显著，结论依然成立。

为避免因年度时长较短和样本缺失带来的偏差，本书以 2015 年为基准向前补充一年至 2014 年和向前补充两年至 2013 年为变量进行检验①，结果分别列示在表 5-8 第（2）列和第（3）列，EcoAcc 检验系数分别为-0.112和-0.116，均在 1%水平显著，实证结果依然稳健。

**表 5-8　稳健性检验二：中央环保督察样本期间扩展**

| Dep. Var=Subsidy | 时间起点标记调整至 2016 年 | 向前扩展一年至 2014 年 | 向前扩展两年至 2013 年 |
|---|---|---|---|
| | (1) | (2) | (3) |
| EcoAcc | -0.102*** <br> (-2.673) | -0.112*** <br> (-3.177) | -0.116*** <br> (-3.228) |
| Size | 0.671*** <br> (10.882) | 0.689*** <br> (13.165) | 0.665*** <br> (14.347) |
| Long | 0.117*** <br> (3.786) | 0.112*** <br> (3.574) | 0.090*** <br> (2.811) |
| Pollu | 0.087*** <br> (2.848) | 0.046* <br> (1.750) | 0.026 <br> (1.050) |
| Deficit | -2.740* <br> (-1.729) | -3.655*** <br> (-2.851) | -3.126** <br> (-2.567) |
| Capital | -0.013* <br> (-1.705) | -0.014* <br> (-1.899) | -0.014* <br> (-1.801) |
| BIr | -0.000*** <br> (-22.436) | -0.000*** <br> (-22.635) | -0.000*** <br> (-29.590) |
| Sustain | -0.010 <br> (-0.843) | -0.012 <br> (-1.181) | -0.003 <br> (-0.257) |

① 数据扩展至 2013 年进行稳健性检验的另一个原因是，中国共产党第十八次全国代表大会于 2012 年 11 月 8 日至 14 日在北京召开，并且首次将生态文明建设写入党章，把生态文明建设纳入中国特色社会主义事业总体布局，要求健全责任追究制度。因此本书认为可以将 2013 年作为一个时间节点。

表5-8(续)

| Dep. Var=Subsidy | 时间起点标记调整至 2016 年 | 向前扩展一年至 2014 年 | 向前扩展两年至 2013 年 |
|---|---|---|---|
| | (1) | (2) | (3) |
| FA | 0. 949***<br>(3. 075) | 0. 900***<br>(3. 639) | 0. 863***<br>(4. 132) |
| IA | -1. 015<br>(-0. 933) | -0. 894<br>(-0. 953) | -0. 344<br>(-0. 383) |
| LEV | 0. 155<br>(1. 375) | 0. 161<br>(1. 415) | 0. 154*<br>(1. 748) |
| Firm | Yes | Yes | Yes |
| Year | Yes | Yes | Yes |
| Constant | 0. 223<br>(0. 158) | 0. 765<br>(0. 641) | 1. 646<br>(1. 539) |
| *N* | 9 035 | 10 764 | 12 362 |
| Adj. $R^2$ | 0. 722 | 0. 710 | 0. 706 |

注：括号内为 *T* 值；*、**、*** 分别表示 10%、5%、1%水平显著。

### 三、对税收返还与减免的考虑

本书采用政府补助来反映政商关系，但企业的税收政策依然能够体现一定的政企联系，具有不同政治联系的上市公司可能会得到不同程度的税收政策优待，如优惠税率、税收减免与返还等。以往也有学者在研究政府补助时对部分税收返还进行了考虑（余明桂 等，2010）。

因此本书在综合考虑税收返还与减免后对政府补助进行了调整，调整后被解释变量为 Subsidy_T，检验结果如表 5-9 第（1）列所示，EcoAcc 检验系数为-0. 105，在 1%的水平显著，表明实证结果依然稳健。

**表 5-9 稳健性检验三～五**

| Dep. Var= | Subsidy_T | Subsidy_re | Subsidy |
|---|---|---|---|
| | (1) | (2) | (3) |
| EcoAcc | -0. 105*** (-2. 799) | -0. 125*** (-3. 178) | - |
| EAsummon | - | - | -0. 016*** (-2. 708) |
| Size | 0. 661*** (10. 757) | -0. 098 (-1. 356) | 0. 671*** (10. 900) |
| Long | 0. 114*** (3. 786) | 0. 043 (1. 006) | 0. 116*** (3. 780) |
| Pollu | 0. 091*** (2. 978) | 0. 107*** (3. 227) | 0. 090*** (2. 959) |
| Deficit | -2. 653* (-1. 670) | -3. 502** (-2. 104) | -2. 983* (-1. 861) |
| Capital | -0. 012 (-1. 636) | -0. 012 (-1. 429) | -0. 013* (-1. 700) |
| BIr | -0. 000*** (-22. 763) | -0. 000*** (-19. 136) | -0. 000*** (-22. 329) |
| Sustain | -0. 008 (-0. 704) | -0. 024 (-1. 557) | -0. 010 (-0. 834) |
| FA | 0. 917*** (2. 971) | 0. 903*** (2. 653) | 0. 949*** (3. 077) |
| IA | -1. 128 (-1. 043) | 0. 061 (0. 058) | -1. 012 (-0. 931) |
| LEV | 0. 164 (1. 475) | 0. 244 (1. 556) | 0. 156 (1. 383) |
| Firm | Yes | Yes | Yes |
| Year | Yes | Yes | Yes |
| Constant | 0. 402 (0. 286) | -4. 367*** (-2. 702) | 0. 192 (0. 136) |
| $N$ | 9 036 | 9 035 | 9 035 |
| Adj. $R^2$ | 0. 722 | 0. 611 | 0. 722 |

注：括号内为 $T$ 值；*、**、*** 分别表示 10%、5%、1%水平显著。

### 四、关于政府补助变量的替换检验

借鉴方颖等人（2018）的研究，在反映政商关系时使用政府补助与营业收入的比值取对数进行检验，可以体现不同营收规模公司之间的差异性。调整后被解释变量为 Subsidy_re，检验结果见表 5-9 第（2）列，EcoAcc 检验系数为-0.125，在 1%的水平显著，实证结果依然稳健。

### 五、对政治压力指标不同度量方法的检验

中央环保督察组在进行巡视时，先进行官员约谈，后对部分官员进行问责。因此除了以被问责人数量衡量中央督察组施加的政治压力以外，本书还以被约谈人数量进行替代解释，实证结果依然稳健。EAsummon 为被约谈官员数量，由地区 $p$ 在 $t$ 期被约谈总人数加 1 再取对数。表 5-9 第（3）列结果显示 EAsummon 回归系数为-0.016，通过 1%的显著性检验，虽然约谈带给官员的政治压力不如直接问责大，但其依然略强于环境规制的作用。

## 第六节　进一步分析

### 一、政治联系的原生基础：产权背景

根据以往的文献，民营、国有企业的政治关联对企业获得的政府补助的影响显著不同（潘越 等，2009）。在考虑政治压力和违规成本时，企业不同的产权性质决定了政商关系不同的天然基础，其面对财政补贴时就享有不同的待遇并具备不同的抗风险能力。我们将样本按照国有企业和非国有企业分为两组，进一步研究初始政治联系不同的企业在中央环保督察下受到的影响差异。如表 5-10 所示，第（1）列至第（3）列的国有企业组

的检验结果均不显著，表明中央环保督察并不会使其政府补助显著减少；若进一步将企业产权性质中的国有企业分为央企和地方国企，结果并无显著变化，此处检验结果不进行列示。而非国有企业组的中央环保督察相关变量均显著负相关。EcoAcc 变量系数为-0.103，通过 5%的显著性检验；EAnum 变量系数为-0.019，通过 1%的显著性检验；EApunish 变量系数为-0.013，通过 5%的显著性检验。这表明非国有企业在经历中央环保督察期间得到的政府补助显著下降。由此可见，相较于非国有企业，国有企业具有天然政治基础，同时主要为涉及国计民生的重要领域的企业，大多能够得到优先保障与扶持，能够抵御中央环保督察对政商关系的冲击，所享受的补助政策不会受到显著影响。

**表 5-10 中央环保督察对不同产权性质公司的政府补助的影响**

| Dep. Var=Subsidy | 国有企业 | | | 非国有企业 | | |
|---|---|---|---|---|---|---|
| | (1) | (2) | (3) | (4) | (5) | (6) |
| EcoAcc | -0.091<br>(-1.284) | - | - | -0.103**<br>(-2.338) | - | - |
| EAnum | - | -0.017<br>(-1.464) | - | - | -0.019***<br>(-2.664) | - |
| EApunish | - | - | -0.016<br>(-1.537) | - | - | -0.013**<br>(-2.188) |
| Size | 0.526***<br>(4.053) | 0.529***<br>(4.087) | 0.529***<br>(4.083) | 0.743***<br>(10.745) | 0.742***<br>(10.753) | 0.743***<br>(10.746) |
| Long | 0.273<br>(1.163) | 0.277<br>(1.176) | 0.274<br>(1.166) | 0.109***<br>(4.410) | 0.108***<br>(4.387) | 0.108***<br>(4.403) |
| Pollu | 0.114**<br>(2.249) | 0.106**<br>(2.116) | 0.112**<br>(2.216) | 0.078**<br>(2.081) | 0.071*<br>(1.914) | 0.076**<br>(2.026) |
| Deficit | -0.805<br>(-0.265) | -1.005<br>(-0.332) | -1.242<br>(-0.406) | -3.481**<br>(-1.980) | -3.645**<br>(-2.083) | -3.717**<br>(-2.057) |
| Capital | -0.011<br>(-0.743) | -0.011<br>(-0.746) | -0.011<br>(-0.747) | -0.054*<br>(-1.955) | -0.053*<br>(-1.941) | -0.053*<br>(-1.951) |

表5-10(续)

| Dep. Var=Subsidy | 国有企业 | | | 非国有企业 | | |
|---|---|---|---|---|---|---|
| | (1) | (2) | (3) | (4) | (5) | (6) |
| BIr | -0.000***<br>(-12.061) | -0.000***<br>(-11.934) | -0.000***<br>(-11.988) | -0.002***<br>(-5.264) | -0.002***<br>(-5.338) | -0.002***<br>(-5.275) |
| Sustain | -0.020<br>(-0.324) | -0.020<br>(-0.330) | -0.020<br>(-0.329) | -0.001<br>(-0.131) | -0.001<br>(-0.103) | -0.001<br>(-0.125) |
| FA | 0.538<br>(0.965) | 0.542<br>(0.975) | 0.539<br>(0.969) | 1.106***<br>(2.985) | 1.105***<br>(2.984) | 1.102***<br>(2.971) |
| IA | -0.554<br>(-0.333) | -0.591<br>(-0.355) | -0.575<br>(-0.345) | -1.098<br>(-0.863) | -1.099<br>(-0.864) | -1.097<br>(-0.863) |
| LEV | 0.513*<br>(1.823) | 0.513*<br>(1.822) | 0.515*<br>(1.835) | 0.034<br>(0.235) | 0.034<br>(0.238) | 0.034<br>(0.235) |
| Firm | Yes | Yes | Yes | Yes | Yes | Yes |
| Year | Yes | Yes | Yes | Yes | Yes | Yes |
| Constant | 2.864<br>(0.919) | 2.930<br>(0.941) | 2.875<br>(0.923) | -1.134<br>(-0.731) | -1.034<br>(-0.667) | -1.105<br>(-0.712) |
| $N$ | 2 648 | 2 648 | 2 648 | 6 387 | 6 387 | 6 387 |
| Adj. $R^2$ | 0.724 | 0.724 | 0.724 | 0.707 | 0.707 | 0.707 |

注：括号内为 $T$ 值；*、**、*** 分别表示 10%、5%、1%水平显著。

## 二、主动建立政治联系：高管政治背景

除了企业自身产权性质对结果有所影响外，企业也可选择聘用具有政治联系的高管以增强政商关系。因此为了进一步验证高管政治背景是否会对中央环保督察效力产生影响，本书设定高管政治背景变量 Poli，并加入高管政治背景与中央环保督察变量的交乘项构成多期三重差分模型，详见式（5-10）。若公司高管曾任或现任政府官员或党员干部则 Poli 值取 1，否则取 0。高管当期建立的政治联系很可能需要一定时间才能为公司的财政补贴带来好处，因此本书选择滞后一期的政治背景数据。具体回归结果见表 5-11 。

$$\text{Subsidy}_{i,t} = \alpha_0 + \alpha_1 \text{EcoAcc}_{p,i} \cdot T + \alpha_2 \text{Poli}_{i,t-1} + \alpha_3 \text{EcoAcc}_{p,i} \cdot T \cdot \text{Poli}_{i,t-1} + \alpha_4 \text{Size}_{i,t} + \alpha_5 \text{Long}_{i,t} + \alpha_6 \text{Capital}_{i,t} + \alpha_7 \text{BIr}_{i,t} + \alpha_8 \text{Sustain}_{i,t} + \alpha_9 \text{FA}_{i,t} + \alpha_{10} \text{IA}_{i,t} + \alpha_{11} \text{LEV}_{i,t} + \alpha_{12} \text{Pollu}_{p,t} + \alpha_{13} \text{Deficit}_{p,t} + \text{Year}_t + \text{Firm}_i + \varepsilon_{i,t} \tag{5-10}$$

由表 5-11 第（1）列可见，在没有聘用具有政治背景的高管的公司（Poli=0），中央环保督察与政府补助的回归系数为-0.084，该系数在 5%水平显著。聘请了具有政治背景的高管的公司（Poli=1）与没有聘请的公司斜率差异为-0.091，即交叉变量 EcoAcc_Poli 的回归系数为-0.091，并且通过了 10%水平显著性检验。聘请了具有政治背景的高管的公司（Poli=1）在地方经历中央环保督察以后（EcoAcc=1）其回归系数为-0.175（-0.084-0.091）。这说明在中央环保督察下聘请了具有政治背景的高管的公司获得的政府补助反而降低更多。

同理细分到政治压力与执法强度。表 5-11 第（2）列和第（3）列的交叉变量 EAnum_Poli、EApunish_Poli 的回归系数也在 10%水平显著，这说明聘请了具有政治背景的高管的公司在中央环保督察下面临的高政治压力和执法强度，其获得的政府补助相比于没有聘请具有政治背景的高管的公司减少得更多。以上结果表明，企业通过建立政治联系而获得的财政补贴在中央环保督察中更容易失去，这也提供了政商关系在中央环保督察中被削弱的经验证据。

**表 5-11　中央环保督察对政府补助的影响：高管政治背景的调节作用**

| Dep. Var=Subsidy | (1) | Dep. Var=Subsidy | (2) | Dep. Var=Subsidy | (3) |
|---|---|---|---|---|---|
| EcoAcc | -0.084**<br>(-2.224) | EAnum | -0.016***<br>(-2.620) | EApunish | -0.011**<br>(-2.141) |
| Poli | 0.108**<br>(2.401) | Poli | 0.110**<br>(2.461) | Poli | 0.109**<br>(2.470) |
| EcoAcc_Poli | -0.091*<br>(-1.696) | EAnum_Poli | -0.016*<br>(-1.809) | EApunish_Poli | -0.013*<br>(-1.828) |

表5-11(续)

| Dep. Var=Subsidy | (1) | Dep. Var=Subsidy | (2) | Dep. Var=Subsidy | (3) |
|---|---|---|---|---|---|
| Size | 0.671***<br>(10.919) | Size | 0.672***<br>(10.956) | Size | 0.674***<br>(10.958) |
| Long | 0.116***<br>(3.813) | Long | 0.116***<br>(3.788) | Long | 0.116***<br>(3.804) |
| Pollu | 0.090***<br>(2.982) | Pollu | 0.084***<br>(2.761) | Pollu | 0.089***<br>(2.926) |
| Deficit | -2.888*<br>(-1.817) | Deficit | -3.078*<br>(-1.944) | Deficit | -3.161*<br>(-1.952) |
| Capital | -0.013*<br>(-1.700) | Capital | -0.013*<br>(-1.690) | Capital | -0.013*<br>(-1.707) |
| BIr | -0.000***<br>(-22.153) | BIr | -0.000***<br>(-21.938) | BIr | -0.000***<br>(-22.066) |
| Sustain | -0.010<br>(-0.848) | Sustain | -0.010<br>(-0.839) | Sustain | -0.010<br>(-0.847) |
| FA | 0.959***<br>(3.106) | FA | 0.958***<br>(3.108) | FA | 0.955***<br>(3.091) |
| IA | -1.010<br>(-0.929) | IA | -1.017<br>(-0.936) | IA | -1.008<br>(-0.928) |
| LEV | 0.155<br>(1.395) | LEV | 0.155<br>(1.395) | LEV | 0.156<br>(1.405) |
| Firm | Yes | Firm | Yes | Firm | Yes |
| Year | Yes | Year | Yes | Year | Yes |
| Constant | 0.152<br>(0.108) | Constant | 0.244<br>(0.173) | Constant | 0.149<br>(0.105) |
| $N$ | 9 035 | $N$ | 9 035 | $N$ | 9 035 |
| Adj. $R^2$ | 0.723 | Adj. $R^2$ | 0.723 | Adj. $R^2$ | 0.723 |
| Jointtest | 5.89*** | Jointtest | 6.81*** | Jointtest | 5.78*** |

注：括号内为 $T$ 值；*、**、*** 分别表示 10%、5%、1%水平显著。

## 三、企业议价与谈判能力：地方财税依赖度

地方政府竞争的道路选择在生态文明建设下面临多重博弈。中央环保督察中的政治压力使得地方政府需要与企业保持距离并严格执法，但官员政绩竞争又使得政府对大型企业尤为倚重。已有研究表明地方政府在干预

企业的政府补助时也必然受制于地方财政状况（潘越 等，2009）。大企业能够更好地贡献地方财政收入、解决就业问题，从而需要政府主动营造良好的营商环境并给予政策支持，为企业提供发展空间。因此本书利用“公司缴纳的所得税费用/地区生产总值”衡量地方政府对公司的财税依赖度，并将样本划分为高依赖组和低依赖组进行调节作用检验。如果样本的财税依赖度超过年度中位数则定义为高财政依赖，否则定义为低财政依赖。具体结果见表 5-12。

从公司对当地财税的贡献看，低依赖组的政府补助与 EcoAcc、EAnum、EApunish 系数均在 1%的水平显著，而高依赖组除去政治压力（EAnum）外其他结果并不显著，表明低财政贡献的企业会受到中央环保督察对政商关系的影响，而纳税大户形成的政企财政联系在中央环保督察中能够避免被削弱。高依赖组 EAnum 系数为-0.016，在 5%水平显著，表明在面对中央政治压力时企业的地方财政贡献度高并不能抵消中央环保督察的影响。

**表 5-12　中央环保督察与政府补助的关系：财税依赖度的影响**

| Dep. Var= Subsidy | 高依赖 | | | 低依赖 | | |
|---|---|---|---|---|---|---|
| | (1) | (2) | (3) | (4) | (5) | (6) |
| EcoAcc | -0.071<br>(-1.473) | - | - | -0.164***<br>(-2.636) | - | - |
| EAnum | - | -0.016**<br>(-2.029) | - | - | -0.027***<br>(-2.704) | - |
| EApunish | - | - | -0.010<br>(-1.546) | - | - | -0.022***<br>(-2.652) |
| Size | 0.788***<br>(8.199) | 0.788***<br>(8.205) | 0.789***<br>(8.208) | 0.681***<br>(5.899) | 0.680***<br>(5.906) | 0.685***<br>(5.937) |
| Long | 0.210<br>(1.201) | 0.213<br>(1.208) | 0.210<br>(1.198) | 0.086***<br>(4.242) | 0.086***<br>(4.228) | 0.086***<br>(4.195) |
| Pollu | 0.089**<br>(2.316) | 0.083**<br>(2.152) | 0.088**<br>(2.281) | 0.091*<br>(1.742) | 0.083<br>(1.593) | 0.088*<br>(1.672) |

表5-12(续)

| Dep. Var=Subsidy | 高依赖 | | | 低依赖 | | |
|---|---|---|---|---|---|---|
| | (1) | (2) | (3) | (4) | (5) | (6) |
| Deficit | -1.755<br>(-1.073) | -1.968<br>(-1.215) | -1.929<br>(-1.162) | -3.244<br>(-0.877) | -3.470<br>(-0.942) | -3.954<br>(-1.046) |
| Capital | -0.020<br>(-0.617) | -0.020<br>(-0.615) | -0.020<br>(-0.616) | -0.011***<br>(-4.662) | -0.011***<br>(-4.597) | -0.011***<br>(-4.631) |
| BIr | -0.000***<br>(-5.978) | -0.000***<br>(-5.932) | -0.000***<br>(-5.971) | -0.001<br>(-0.893) | -0.001<br>(-0.912) | -0.001<br>(-0.903) |
| Sustain | 0.024<br>(0.365) | 0.022<br>(0.344) | 0.023<br>(0.354) | -0.002<br>(-0.405) | -0.002<br>(-0.356) | -0.002<br>(-0.392) |
| FA | 1.197***<br>(2.715) | 1.193***<br>(2.714) | 1.197***<br>(2.713) | 1.030**<br>(2.003) | 1.034**<br>(2.016) | 1.029**<br>(1.998) |
| IA | 1.146<br>(1.063) | 1.117<br>(1.039) | 1.139<br>(1.056) | -2.798<br>(-1.471) | -2.797<br>(-1.471) | -2.795<br>(-1.472) |
| LEV | -0.263<br>(-0.926) | -0.261<br>(-0.920) | -0.264<br>(-0.929) | 0.083<br>(0.413) | 0.082<br>(0.410) | 0.084<br>(0.419) |
| Firm | Yes | Yes | Yes | Yes | Yes | Yes |
| Year | Yes | Yes | Yes | Yes | Yes | Yes |
| Constant | -2.463<br>(-1.114) | -2.360<br>(-1.069) | -2.463<br>(-1.114) | 0.008<br>(0.003) | 0.135<br>(0.053) | 0.013<br>(0.005) |
| $N$ | 4 436 | 4 436 | 4 436 | 4 599 | 4 599 | 4 599 |
| Adj. $R^2$ | 0.763 | 0.763 | 0.763 | 0.653 | 0.653 | 0.653 |

注：括号内为 $T$ 值；*、**、*** 分别表示 10%、5%、1%水平显著。

## 四、地区污染治理投资结构的影响

政府补助资源配置的优劣取决于当地政府的投资能力。理论上工业污染治理完成投资额越高、投资结构越好的地区的企业获得更多政府补助的可能性越大。如果工业污染治理完成投资额不足则说明该地的环保投资结构不合理，地方政府也可能会为了投资更多有利于拉动经济增长的项目而挤占工业污染治理投资。

为此，本书检验了工业污染治理投资结构对中央环保督察与政府补助关系的调节作用。设定工业污染治理完成投资额与地区生产总值的比值取对数表示地区污染治理投资结构，如果高于年度地区中位数则为优污染治理投资结构，否则为非优污染治理投资结构。

具体回归结果见表5-13。在污染治理投资结构好的地区，企业获得的政府补助在中央环保督察之后并没有显著变化；在污染治理投资结构非优的地区，政府补助与EcoAcc、EAnum、EApunish回归系数分别为-0.218、-0.043、-0.030，均在1%水平上显著为负，这表明中央环保督察使得污染治理投资结构较为不好的地区对地方政府资源配置做出了调整，其政商关系在中央环保督察之后受到显著影响。

**表5-13 中央环保督察与政府补助的关系：财税依赖度的影响**

| Dep. Var=Subsidy | 优污染治理投资结构 | | | 非优污染治理投资结构 | | |
|---|---|---|---|---|---|---|
| | (1) | (2) | (3) | (4) | (5) | (6) |
| EcoAcc | -0.009<br>(-0.129) | - | - | -0.218***<br>(-2.978) | - | - |
| EAnum | - | -0.001<br>(-0.125) | - | - | -0.043***<br>(-3.601) | - |
| EApunish | - | - | -0.001<br>(-0.119) | - | - | -0.030***<br>(-2.968) |
| Size | 0.528***<br>(5.934) | 0.528***<br>(5.934) | 0.528***<br>(5.930) | 0.700***<br>(7.022) | 0.699***<br>(7.064) | 0.701***<br>(7.045) |
| Long | 0.371***<br>(3.477) | 0.371***<br>(3.479) | 0.370***<br>(3.479) | 0.082***<br>(3.349) | 0.081***<br>(3.281) | 0.081***<br>(3.319) |
| Deficit | -1.714<br>(-0.610) | -1.702<br>(-0.607) | -1.734<br>(-0.613) | -2.178<br>(-1.043) | -2.939<br>(-1.395) | -3.044<br>(-1.424) |
| Capital | 0.031<br>(0.933) | 0.031<br>(0.932) | 0.031<br>(0.932) | -0.012***<br>(-2.862) | -0.012***<br>(-2.771) | -0.012***<br>(-2.835) |
| BIr | -0.003***<br>(-6.761) | -0.003***<br>(-6.781) | -0.003***<br>(-6.772) | -0.000***<br>(-35.307) | -0.000***<br>(-34.373) | -0.000***<br>(-35.084) |
| Sustain | -0.212**<br>(-2.264) | -0.212**<br>(-2.264) | -0.212**<br>(-2.263) | -0.001<br>(-0.096) | -0.000<br>(-0.014) | -0.000<br>(-0.071) |

表5-13（续）

| Dep. Var=Subsidy | 优污染治理投资结构 | | | 非优污染治理投资结构 | | |
|---|---|---|---|---|---|---|
| | (1) | (2) | (3) | (4) | (5) | (6) |
| FA | 0.876*<br>(1.681) | 0.876*<br>(1.680) | 0.876*<br>(1.679) | 0.617<br>(1.515) | 0.611<br>(1.511) | 0.611<br>(1.500) |
| IA | -2.292<br>(-1.144) | -2.292<br>(-1.144) | -2.292<br>(-1.145) | -1.697*<br>(-1.778) | -1.698*<br>(-1.780) | -1.693*<br>(-1.776) |
| LEV | 0.076<br>(0.314) | 0.076<br>(0.314) | 0.076<br>(0.314) | 0.319***<br>(2.659) | 0.319***<br>(2.674) | 0.319***<br>(2.670) |
| Firm | Yes | Yes | Yes | Yes | Yes | Yes |
| Year | Yes | Yes | Yes | Yes | Yes | Yes |
| Constant | 4.521**<br>(2.264) | 4.520**<br>(2.263) | 4.517**<br>(2.260) | 0.634<br>(0.286) | 0.706<br>(0.320) | 0.681<br>(0.307) |
| $N$ | 4 169 | 4 169 | 4 169 | 4 866 | 4 866 | 4 866 |
| Adj. $R^2$ | 0.715 | 0.715 | 0.715 | 0.745 | 0.745 | 0.745 |

注：括号内为 $T$ 值；*、**、*** 分别表示 10%、5%、1%水平显著。

## 第七节　本章小结

本章基于中央环保督察组 2015—2018 年对全国 31 省（区、市）开展的为期四年的首轮巡视督察数据，检验中央环保督察下政治压力与执法强度对政商关系的影响，并进一步分析其影响因素。研究结果如下：

第一，中央环保督察组进驻后当地企业获得的政府补助显著减少，具体到中央环保督察的细分特征上，中央环保督察给地方政府带来的政治压力对企业获得政府补助的影响要强于中央环保督察中环保执法强度的影响。这意味着中央环保督察会削弱地方以往建立的政商关系。

第二，由产权性质带来的原生政治基础对中央环保督察的效力有显著影响，国有企业能够避免中央环保督察对政府补助的影响，而非国有企业则不能。企业在中央环保督察中更容易失去因聘用具有政治背景的高管，建立政治联系而为企业带来的政府补助。

第三，地方政府对企业的财税依赖度高，企业便能抵消中央环保督察对政商关系的影响，而财税贡献小的企业则不能，但在中央政治压力下企业的高财税贡献并不能完全避免中央环保督察的影响。

第四，地区污染治理投资结构的好坏也影响着中央环保督察对政商关系的作用。污染治理投资结构相对非优的地区的政商关系受到的影响较大，企业获得的政府补助显著减少，对政府资源的调整能够缓解工业污染治理投资被挤占的现象。

本章的实证结论具有一定的意义与启示：首先，生态文明建设近年来取得了突破性的成果，这与中央环保督察制度的完善实施密切相关。地方政府在经历中央环保督察后审批、发放政府补助时会更加谨慎，有利于减少不合理政府补助，避免政企不当行为，并不断优化自身的污染治理投资结构，提升投资能力。其次，问责中政治压力的效力大于环境规制执法强度的效力，表明环保政策由上到下的实施需要对地方政府施加必要的政治压力才能提高其政策执行效率，这也符合 Fahlquist（2009）“责任归于政府提升效率”的研究观点。再次，国有企业与聘请具有政治背景的高管的企业要完善自我监管，避免政治联系滥用。最后，企业要积极研发创新，努力减少给生态环境带来的负外部性，不断提高自身竞争力，避免遭受政治不稳定带来的风险，更要避免因污染与产能落后而被淘汰。

# 第六章　中央环保督察对次级环境成本的影响

本章及第七章主要讨论中央环保督察制度如何影响企业的经济行为决策。环境成本效益分析（cost-benefit analysis，CBA）在发达国家被广泛用以评估政策变化对环境的影响，并指导政策选择和项目评估（Vargas et al.，2020）。近年来随着环境成本研究领域的不断拓宽，环境成本已从一种“术”的规范转变为一种“战略”的探索。从关注成本定义内涵、污染核算、计量范围，到关注环境成本会计体系、管理体系建设，最后到学科融合交叉、寻求环境成本在生态与经济间的作用机制，冲突趋同而使研究实现内在统一，以解决理论与实务间“曲高和寡”的问题。

## 第一节　引言与研究问题

研究企业环境行为的核心在于观察企业资源的最终流向，企业对环境问题投入资源的方式在一定程度上代表了企业的环保态度，也代表了企业选择的发展路径。在观察企业针对环境问题投入的资源时，应当考虑其目的性及其长期效应。因此本书认为环境成本可以大致划分为偏向污染付费原则的“次级环境成本”，以及偏向预防治理原则的“可持续环境成本”。

本章针对中央环保督察对企业的次级环境成本可能产生的影响进行研究。

本章选取了2013—2018年中国A股重污染行业上市公司的数据，通过生态环境部网页公告整理出中央环保督察组首轮巡视相关数据，并分类筛选、统计出企业次级环境成本数据，用以研究中央环保督察对企业环境成本行为的影响。研究发现：①中央环保督察与企业次级环境成本呈显著正相关关系，表明中央环保督察会显著增加企业的环保罚款、环保税、排污费、污染治理支出等费用化类环境成本。②在中央环保督察中环境规制力度与地方受到的中央政治压力越大，越能促进当地企业增加次级环境成本，两者均有正向显著影响。③地区的环境治理保障水平越高，中央环保督察对当地上市公司的次级环境成本影响越大。④在面对中央环保督察时，相比聘请具有政治背景的高管的企业，没有聘请具有政治背景的高管的公司的次级环境成本增加更多。环境管制强度对企业次级环境成本的影响在是否具有政治背景的高管的两组样本间存在显著性差异。但中央政治压力对企业次级环境成本的影响在是否具有政治背景的高管的两组样本间不存在显著性差异。

## 第二节　理论分析与研究假设

### 一、环境成本的“次级性”与“可持续性”划分

1972年，经济合作与发展组织（OECD）首次通过决议提出污染者付费原则（PPP），作为庇古税理论的一种应用，其主要用于解决环境外部成本问题。而后自20世纪90年代起，经济领域中逐步引入生态环境补偿概念，试图以修复和重建受损生态系统来补偿生态损失（Cuperus et al.，1996），在此基础上，生态服务功能付费（Swallow et al.，2009）、污染付费原则（Glazyrina et al.，2006；Luppi et al.，2012；Zhu et al.，2015）又获

得进一步发展，明确了环境成本向环境使用方或实施损害方追踪的导向，逐步成为生态与经济的连接点。此外，Ciroth（2009）设计出系谱矩阵（pedigree matrix）来管理成本数据质量，并且将成本数据质量作为生态效率计量的关键问题。Gastineau 等人（2014）引入货币补偿工具来补充环境补偿，研究以最小成本实现最优补偿，给出了公平和成本效率之间的最佳平衡点。以上发展形成了环境资源从“无价”向“有价”思想的转变，通过环境成本影响企业行为决策，以经济手段促使其降低污染，实现生态和谐，缓解经济伦理冲突。

从广义角度出发，追踪环境成本能够探索环境成本的作用机制、发展历程与发展方向，重点解决“谁为环境外部性买单”的问题。从最初单纯计量污染治理成本（Beams et al.，1971），到反映企业生态外部性（主要是负外部性）（Allacker et al.，2012；Fahlen et al.，2010）、促进战略成本管理（Henri et al.，2016）、实现组织生态效率（Burnett et al.，2008）等，环境成本的作用范围不断扩大，研究视角也不断丰富。从企业微观来看，追踪环境成本主要是指识别（观察、描述和分类）和计量（采集和记录）关于环境保护特定成本的过程。此前有大量观点鼓励环境成本追踪，希望有助于企业进行激励、成本归集和决策制定。

对于环境成本的内涵界定与分类研究，已有大量学者进行初步的规范（Ditz et al.，1995；Letmathe et al.，2000；Parker，1997），各政府与社会组织的研究更为规范详细，如荷兰国家统计局（CBS）（1979）、加拿大特许会计师协会（CICA）（1993，1997）、联合国国际会计和报告标准政府间专家工作组（ISAR）（1998）、美国环保局（EPA）（1995）、日本环境省（2000）等均曾对环境成本核算内容做出规范。

环境成本标准是生态补偿的本质问题，关键在于如何解决环境损害的转移支付问题以及环境损害的货币量化问题（袁广达，2014）。在观察企业针对环境问题投入的资源时，应当考虑其目的性及其长期效应，本书认为企业环境成本可以大致划分为以下两种。

一是污染付费型。该类型包括政府的干预矫正（如行政处罚、环境污染税或排污收费、环境保护补贴、押金退款制度等），也就是环境成本补偿的非自愿成分；还包括利用明晰产权，通过市场交易（自愿协商制度、污染者与受污染者的合并、排污权交易制度等）消除外部性，使资源的配置达到帕累托最优，从而避免“公地悲剧”的产生。这类投入主要转化为企业的成本费用，在环境污染产后支出或为环境破坏行为（提前）买单，具有即时性、短效性、补偿性，属于对生态环境的事后治理而非最优解，本书将这类环境成本定义为“次级环境成本”，将在本章对其进行详细讨论。

二是预防治理型，注重在企业生产经营的全过程避免环境损害，从源头解决问题。大多数环境损害可以通过对造成这种损害的污染物的管理进行投资来减少（Rouge，2019）。这类资源投入会促使企业进行技术和设备的革新，控制生产流程，从根本上避免环境污染，其主要转化为企业的无形资产或固定资产，少部分研发支出会费用化。总体来说这类支出在会计核算中属于资产类科目而非损益成本类科目，但在长期过程中会持续改善环境污染情况，并且随着使用也会逐渐摊销进各期成本中。本书将这类环境成本定义为“可持续环境成本”，具体内容将在第七章进行详细讨论。

## 二、次级环境成本的识别与归集

合理确定环境成本的类型的前提是将环境成本识别出来。环境成本在会计反映中体现为依法强制记录的“显性成本”和被嵌入其他成本项目（如制造费用、管理费用）中的“隐性成本”。Joshi 等人（2001）通过对钢铁行业进行实证研究发现，每增加 1 美元的环境显性成本，就会增加与之相关的计入其他成本项目的 9～10 美元的隐性成本。大量证据表明，管理者往往低估这种成本的规模和增长速度，大多数成本通常无法追溯，被简单地归集于过程和产品，作为一般的管理费用来处理（Jasch，2003）。可见，多数企业与环境相关的成本支出未从传统成本项目中剥离出来，这使得管理费用、制造费用等项目中吸收了大量环境成本，而这些环境成本却没有单独列项披露。

对此，本书通过查阅相关会计准则、环保政策、企业年报及公告，综合考虑数据的可获得性，对次级环境成本涉及的主要项目进行了整理，尽量将上市公司披露的环境成本进行归集。这类环境成本主要包括管理费用、营业税金及附加以及营业外支出中涉及的环保事项的相关支出，具体见表 6-1。

**表 6-1　次级环境成本识别计量范畴**

| | 会计科目 | 项目明细 |
|---|---|---|
| 次级环境成本（EC_Sub） | 管理费用 | 排污费、绿化费、环境质量监测费、水土保持及耕地补偿费、危险废弃物处置费、矿产资源补偿费、安全环保费、林地复垦费等 |
| | 营业税金及附加 | 环境保护税、水土流失治理费、矿产资源补偿费、排污税、河道治理费、环保基金、草原补偿费、水资源税等 |
| | 营业外支出 | 环保罚款、矿山土地补偿款、环境污染补偿费、环境保护拆迁安置费、场外盗采灾害治理费等 |

## 三、中央环保督察对次级环境成本的效用

政企存在不当行为情形下被俘获的管制者会给予企业相对宽松的监管条件，企业并不会严格遵守环境规制，并且产生污染时并不需要为此付出太大的合规代价，次级环境成本例如环保罚款、污染处理费用等支出较低（Gray et al.，1996）。企业只需保证俘获管制者的成本相比合规情形下应当支付的环境成本低，就会继续维持当前的高污染生产。

但在中央环保督察执行的过程中，首先需要解决已发生的污染问题，

对已经存在的环境问题及时进行处理，要求企业及时进行环境恢复与生态补偿；同时科学界定权利与义务，对地方政府的管制不力进行问责，强化环境管制的执行力度。因此本章提出假设 1（H1）：

H1：中央环保督察会显著增加企业的次级环境成本。

进一步地，中央环保督察在向下传导的过程中既对企业执行了环境规制也对地方政府施加了政治压力。根据马克思主义政治经济学思想，政治力量的介入对避免资本垄断、维持生态稳定具有重要作用（刘伟，2016；福斯特 等，2012）。环保督察使得中央政府与地方政府之间形成新的博弈模式，中央环保督察带来的政治压力由于主体明确，有效纠正了“权责不一”现象（张凌云 等，2018），促使政府提高其执政水平。同时，地方政府受到约束后，会将来自中央政府督查的压力向下传导至市场各主体，尤其是污染型企业，释放出整治环境问题的强烈信号。政府执政权威的提高也有助于实施监管与处罚（黎文靖，2007）。企业可能会由此积极开展环境治理行动，加大对环保各项事务的支出。由此，提出假设 2a（H2a）：

H2a：在中央环保督察后，中央施加的政治压力越大，企业次级环境成本增加得越多。

环境规制是政府通过非市场途径规范企业行为的重要手段，政府加大环境监管的力度能够有效提升企业履行社会责任的水平（Schwartz et al.，2003；刘倩，2014；章辉美 等，2011）。政府在监管中严格执行环境处罚，提高企业的环境成本，能够对企业的污染行为进行约束，通过价格手段促使企业保护环境（吉利 等，2016）。已有研究指出环境规制强度能够增加企业环境成本内部化程度（迟铮 等，2019）。中央环保督察除了对地方政府直接问责外，也直接接收群众对环境污染案件的举报，直接或移交处理案件，大力整治违反环境法规的企业，无论是直接关停、责令整改还是处以高额的罚款都势必会使企业的当期费用型环境成本大幅增加，因此提出假设 2b（H2b）：

H2b：在中央环保督察后，环境规制越强的企业的次级环境成本增加得越多。

多数企业考虑环境问题的主要动机是满足立法要求（Dey et al., 2018），获得合法性认同（吉利 等，2016），而非出于道德责任或经济的考量，可见增强环境规制、严格环保执法才是规范污染终端的直接手段。庇古类政策下企业会承担更高的修复或恢复成本，而非预防成本。中央政治压力需要层层传导到对企业的具体规范上，但环境规制直接关系到如何治理、处罚企业，处罚力度如何。并且，次级环境成本主要包含企业的被动性环境支出，与环境管制相关法律的法规联系更为直接，因此环境规制强度对企业次级环境成本的影响应当更加直接、灵敏。对此我们提出假设3（H3）：

H3：相比于中央政治压力，环境规制强度对企业次级环境成本的影响更大。

## 第三节　研究设计

### 一、样本选择与数据来源

本章依据中国证监会上市公司行业分类结果与生态环境部《上市公司环保核查行业分类名录》综合考虑，剔除文化传媒、服务业、金融业等，得到包含冶金、钢铁、采矿、化工、纺织、造纸、制革、制药、石化、酿造等重污染行业公司在内的基础范围，再选取2013—2018年的A股上市公司作为样本。剔除所有年度内均没有产生过次级环境成本的样本，最终得到5 859个样本。

中央环保督察相关数据由生态环境部官网发布的第一轮中央环保督察组对各省（区、市）反馈报告手工整理得出。公司财务数据来源于

CSMAR 数据库。地区经济数据来源于国家统计局网站。本书的环境成本明细与分类为作者根据财务报表附注中所披露的管理费用、营业税金及附加、营业外收入等一级会计科目中的项目明细手工整理[①]得出。

## 二、多期 DID 模型构建与变量选择

本章采用多期双重差分法（Multiphase DID）解决中央环境保护督察组入驻每个省（区、市）的时间点不同的问题，构建以次级环境成本为因变量、中央环保督察为主要观察变量的基本模型进行检验。

$$\mathrm{EC\_Sub}_{i,\ t} = \alpha + \beta \mathrm{EA}_{p,\ i} \cdot \mathrm{After}_{p,\ t} + \delta X_{p,\ t} + \lambda E_{i,\ t} + \mathrm{Year} + \varepsilon \quad (6-1)$$

其中：

$\mathrm{EC_Sub}_{i,t}$表示次级环境成本。由于中央环保督察执行时间分散，并且公司的成本行为的决策与执行需要时间，本书选择滞后一期成本数据以观察问责之后公司的环境行为。

$\mathrm{EA}_{p,i} \cdot \mathrm{After}_{p,t}$为主要估计量，同时反映 $i$ 公司所在 $p$ 省（区、市）是否曾被问责（EA）、问责的时间（After）。After 是反映中央环境保护督察组分别进驻各省（区、市）的时间的哑变量，数据若为被问责当期及其后的时期，则 After 取值为 1，否则为 0。如果检验结果中 EA · After 显著，则表明中央环保督察对企业环境成本行为产生了显著影响。

$X_{p,\ t}$ 和 $E_{i,\ t}$ 分别为一系列随时间变化的区域特征变量和公司特征变量。有学者发现政府的环境规制强度与企业的环保投资、生产技术进步率呈现“U”形关系（唐国平 等，2013），但这种“U”形关系在西部地区并不显著（张成 等，2011），因此本书使用地区生产总值占国内生产总值的比值来控制地区经济发展差异。人均国内生产总值（GDPPC）可以用来反映各

---

① 即便本书已尽量将上市公司披露的相关环境成本从管理费用等一级会计科目中进行归集识别，但仍无法避免会有部分环境成本因未在财务报表或其他公告中披露而被忽略。这部分隐形的环境成本或许在公司进行账务处理时便被以一般管理费用等形式登记入账，如果在项目明细中不予以说明则无法进行识别。对于这部分环境成本只能依赖健全法律法规或公司主动完善报表明细。

地区民众对公共物品的偏好（范允奇 等，2010）。Pang 等人（2019）针对我国 30 个省（区、市）构建了一个面板阈值模型，结果验证了地方政府从经济发展优先向环境治理优先的转折点为人均 GDP 约 9 万元的经济发展门槛，只有当它被超过时，环境法规才会明确要求公司减少排放。其余变量对公司的规模、流动性等进行了控制，具体研究涉及的变量解释见表 6-2。

进一步考虑中央环保督察中的政治压力与环境规制强度。构建如下模型：

$$
\begin{aligned}
EC\_Sub_{i,\ t} = {} & \alpha_0 + \alpha_1 EAs_{P,\ i} \cdot After_{p,\ t} + \alpha_2 Size_{i,\ t} + \alpha_3 Current_{i,\ t} + \alpha_4 DOL_{i,\ t} \\
& + \alpha_5 R\_GDP_{p,\ t} + \alpha_6 ROA_{i,\ t} + \alpha_7 GDPPC_{p,\ t} + Year + \varepsilon \qquad (6\text{-}2)
\end{aligned}
$$

$EAs_{p,i} \cdot After_{p,t}$为主要估计量，$EAs_{p,i}$包括政治压力 EcoAcc_poli［核心数据为 $i$ 企业所在 $p$ 省（区、市）被问责官员总人数］以及环境规制强度 EcoAcc_reg［核心数据为 $i$ 企业所在 $p$ 省（区、市）环保督察期间立案处罚数］。

**表 6-2　变量描述**

| 变量 | 解释 |
| --- | --- |
| After | 表示 $p$ 省（区、市）受到中央环保督察的时间。被督察及其后的时期取值为 1，否则为 0 |
| EA | $i$ 公司所在 $p$ 省（区、市）是否接受过中央环保督察。接受过取值为 1，否则为 0 |
| EcoAcc_poli | $i$ 企业所在 $p$ 省（区、市）被问责官员总人数取对数 |
| EcoAcc_reg | $i$ 企业所在 $p$ 省（区、市）环保督察期间立案处罚数取对数 |
| EC_Subcur | 当期次级环境成本，包含管理费用、营业外支出、营业税金及附加中涉及环保事项的明细项目 |
| EC_Sub | 下一期次级环境成本（即前置一期成本数据） |
| Size | 公司规模，当期总资产取对数 |
| Current | 本期流动资产/本期流动负债 |

表6-2(续)

| 变量 | 解释 |
| --- | --- |
| DOL | 经营杠杆=（本期净利润+本期所得税费用+本期财务费用+本期固定资产折旧、油气资产折耗、生产性生物资产折旧+本期无形资产摊销+本期长期待摊费用摊销）/（本期净利润+本期所得税费用+本期财务费用） |
| R_GDP | 公司所在省份当年 GDP 占全国 GDP 的比值 |
| ROA | 资产报酬率=（本期利润总额+本期财务费用）/平均资产总额 |
| GDPPC | 人均国内生产总值 |

## 第四节　检验结果

### 一、描述性分析与相关性检验

表 6-3 列示了检验模型涉及的变量的基本描述性统计结果。其中 After 的均值为 0.476，标准差为 0.499，表明受到中央环保督察冲击前后的样本分布大致相当。

为了更直接地观察公司受到冲击前后的次级环境成本变化情况，本书根据公司所在地区在一段时期内是否经历了中央环保督察将样本公司分为被督察前组和被督察后组，进行组间差异检验，结果列示于表 6-4。结果显示均值检验（MeanDiff）中被督察前组的公司的次级环境成本高于被督察后组的公司，当期次级环境成本（ EC_Subcur）在经历中央环保督察前后的组间均值差异约为-2.334，并通过了 1%的显著检验；后一期次级环境成本（ EC_Sub）在经历中央环保督察前后的组间均值差异约为-4.803，在 1% 的水平显著。

结果表明中央环保督察会使得企业的次级环境成本显著增加，并且该成本在环保督察的后一期增加更明显。

表 6-3　变量的描述性统计

| 变量 | $N$ | mean | sd | min | max |
| --- | --- | --- | --- | --- | --- |
| EC_Sub | 5 859 | 7. 919 | 7. 170 | 10. 383 | 0. 000 |
| After | 5 859 | 0. 476 | 0. 499 | 0. 000 | 1. 000 |
| EcoAcc_poli | 5 859 | 6. 076 | 0. 982 | 6. 107 | 3. 689 |
| EcoAcc_reg | 5 859 | 6. 888 | 1. 115 | 7. 233 | 3. 850 |
| Size | 5 859 | 22. 371 | 1. 256 | 22. 242 | 16. 161 |
| DOL | 5 859 | 3. 541 | 125. 522 | 1. 474 | 1. 000 |
| Current | 5 859 | 2. 220 | 3. 186 | 1. 512 | -5. 132 |
| ROA | 5 859 | 0. 051 | 0. 106 | 0. 037 | -0. 076 |
| GDPPC | 5 859 | 11. 031 | 0. 436 | 11. 054 | 10. 036 |
| R_GDP | 5 859 | 0. 053 | 0. 031 | 0. 042 | 0. 001 |

表 6-4　次级环境成本组间差异检验

| 变量 | $N$ (After = 0) | 入驻前均值 (After = 0) | $N$ (After = 1) | 入驻后均值 (After = 1) | MeanDiff |
| --- | --- | --- | --- | --- | --- |
| EC_Subcur | 3 073 | 5. 612 | 2 786 | 7. 945 | -2. 334*** |
| EC_Sub | 3 073 | 5. 635 | 2 786 | 10. 438 | -4. 803*** |
| Size | 3 073 | 22. 283 | 2 786 | 22. 468 | -0. 185*** |
| DOL | 3 073 | 5. 136 | 2 786 | 1. 78 | 3. 356 |
| Current | 3 073 | 2. 183 | 2 786 | 2. 26 | -0. 076 |
| ROA | 3 073 | 0. 047 | 2 786 | 0. 055 | -0. 007*** |
| GDPPC | 3 073 | 10. 9 | 2 786 | 11. 175 | -0. 276*** |
| R_GDP | 3 073 | 0. 051 | 2 786 | 0. 056 | -0. 005*** |

注：*、**、*** 分别表示组间均值差异（MeanDiff）在 10%、5%、1% 水平显著。

此外，本书对各变量进行了 Spearman 相关性分析与 Pearson 相关性分析。表 6-5 显示在两种相关性分析中，中央环保督察与公司次级环境成本呈高度正相关关系，均在 1%水平显著，这说明可以进行进一步的回归分析。

**表 6-5　相关性分析**

| Spearman / Pearson | EC_Sub | EA · After | EcoAcc_poli · After | EcoAcc_reg · After | Size | DOL | Current | ROA | GDPPC | R_GDP |
|---|---|---|---|---|---|---|---|---|---|---|
| EC_Sub | 1 | 0. 277*** | 0. 265*** | 0. 236*** | 0. 280*** | 0. 100*** | -0. 210*** | -0. 012 | -0. 035*** | -0. 087*** |
| EA · After | 0. 335*** | 1 | 0. 935*** | 0. 936*** | 0. 075*** | -0. 091*** | 0. 065*** | 0. 122*** | 0. 313*** | 0. 112*** |
| EcoAcc_poli · After | 0. 332*** | 0. 975*** | 1 | 0. 898*** | 0. 075*** | -0. 074*** | 0. 046*** | 0. 110*** | 0. 191*** | 0. 164*** |
| EcoAcc_reg · After | 0. 317*** | 0. 974*** | 0. 964*** | 1 | 0. 023* | -0. 108*** | 0. 092*** | 0. 152*** | 0. 403*** | 0. 270*** |
| Size | 0. 218*** | 0. 073*** | 0. 064*** | 0. 039*** | 1 | 0. 027** | -0. 449*** | -0. 174*** | -0. 058*** | -0. 143*** |
| DOL | 0. 008 | -0. 013 | -0. 013 | -0. 013 | -0. 007 | 1 | -0. 363*** | -0. 717*** | -0. 107*** | -0. 050*** |
| Current | -0. 111*** | 0. 012 | 0. 008 | 0. 015 | -0. 273*** | 0. 003 | 1 | 0. 408*** | 0. 149*** | 0. 128*** |
| ROA | 0. 021 | 0. 034*** | 0. 032** | 0. 040*** | -0. 126*** | -0. 007 | 0. 060*** | 1 | 0. 128*** | 0. 118*** |
| GDPPC | 0. 002 | 0. 316*** | 0. 232*** | 0. 374*** | -0. 034*** | 0. 008 | 0. 052*** | 0. 043*** | 1 | 0. 530*** |
| R_GDP | -0. 067*** | 0. 084*** | 0. 128*** | 0. 182*** | -0. 143*** | 0. 017 | 0. 054*** | 0. 039*** | 0. 492*** | 1 |

注：*、**、*** 分别表示变量相关性在 10%、5%、1% 水平显著。

## 二、平行趋势检验

由于模型选用了多期双重差分法，因此在评估政策效果时有必要识别控制组与处理组样本在中央环保督察发生前是否具有一致的趋势，以保证两者的可比性。为此参考 Beck 等人（2010）的研究，在计量中使用各个年份的哑变量与环保督察实验组变量的交互项，以观察政策前的交互项系数是否不显著。

$$EC\_Sub_{i,\ t} = \alpha + \beta_{t-4}EA_{i,\ p} \cdot After_{p,\ t-4} + \beta_{t-3}EA_{i,\ p} \cdot After_{p,\ t-3} + \cdots + \beta_{t+3}EA_{i,\ p} \cdot After_{p,\ t+3} + Year + \varepsilon \quad (6-3)$$

在式（6-3）中 $EA_{i,p} \cdot After_{p,t-m}$ 和 $EA_{i,p} \cdot After_{p,t+n}$ 分别表示中央环保督察前 $m$ 年和后 $n$ 年的数据，$\beta_{t-m}$ 表示政策执行前的 $m$ 期产生的影响，$\beta_{t+n}$ 表示政策执行后的 $n$ 期产生的影响。窗口期为 2013—2018 年，因此针对多期政策执行时间，样本政策前最长为前 4 期，即 $m \in [1,\ 2,\ 3,\ 4]$，政策后最长为后 3 期，即 $n \in [0,\ 1,\ 2,\ 3]$。

在本书的研究背景下，$t-m$ 至 $t+n$ 时间范围内每个样本只经历一次政策处理。在两个可能的结果值 $y(\omega_j)$ 和 $y(\omega_k)$ 之间的平均处理效应（ATE）可以表示为

$$ATE_{jk} = E[y(\omega_j) - y(\omega_k)] = E(y|\omega_j) - E(y|\omega_k) \quad (6-4)$$

则虚拟变量 $EA_{i,p} \cdot After_{p,t+n}$ 的系数为

$$\beta_{t+n} = ATE_{(t+n)\mathrm{before}} = E(y|\omega_{t+n}) - E(y|\omega_{\mathrm{before}}) \quad (6-5)$$

但每一期虚拟变量的系数并不是我们需要的平均处理效应 ATT，ATT 应为

$$\begin{aligned} ATT_{t+n} &= E(y|\omega_{t+n}) - E(y|\omega_t) \\ &= E(y|\omega_{t+n}) - E(y|\omega_{\mathrm{before}}) - [E(y|\omega_t) - E(y|\omega_{\mathrm{before}})] \\ &= \beta_{t+n} - \beta_t \end{aligned} \quad (6-6)$$

又由于在中央环保督察冲击前的总处理效应为 0，则有

$$\begin{aligned} & \mathrm{ATT}_{t-4} + \mathrm{ATT}_{t-3} + \mathrm{ATT}_{t-2} + \mathrm{ATT}_{t-1} \\ = & (\beta_{t-4} - \beta_t) + (\beta_{t-3} - \beta_t) + (\beta_{t-2} - \beta_t) + (\beta_{t-1} - \beta_t) \\ = & 0 \end{aligned} \tag{6-7}$$

因此 $\beta_t = (\beta_{t-4} + \beta_{t-3} + \beta_{t-2} + \beta_{t-1}) / 4$。综上，各期的平均处理效应 ATT 等于各期虚拟变量的系数与处理前各期系数均值的差。

对次级环境成本的检验结果如图 6-1 所示，在 $t-j$ 期虚拟变量的系数在 0 上下波动，波动幅度很小，这表明在中央环保督察组开展生态问责前环境成本没有明显的变动趋势；但在督察组首轮入驻后企业的次级环境成本立即增长。结果表明中央环保督察对企业环境成本不存在趋势效应，而存在水平效应，可以采用多期双重差分法进行分析。

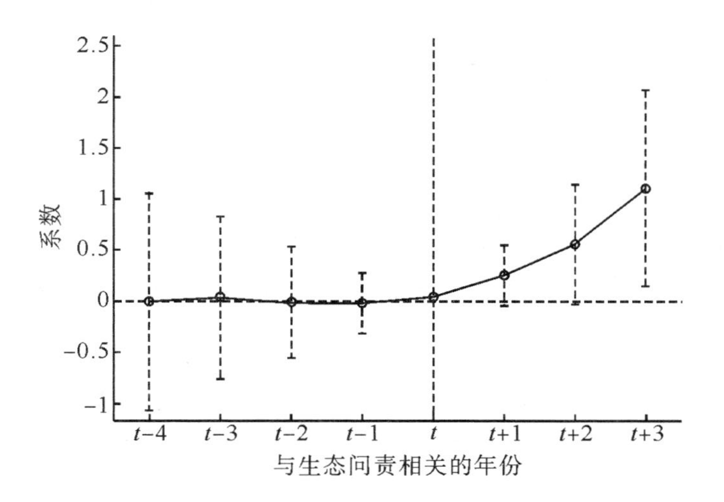


**图 6-1　平行趋势检验：次级环境成本**

## 三、计量检验结果

根据 H1，按照式（6-1）的模型对次级环境成本和中央环保督察的面板数据进行多期双重差分的固定效应模型检验，表 6-6 中第（1）列显示了具体检验结果。EA · After 的检验系数为 0.817，并在 1%的水平显著，这表明地区接受中央环保督察后当地公司的环境行为投入增加，会显著增加后续的次级环境成本。

**表 6-6　中央环保督察对次级环境成本的影响**

| Dep. Var = EC_Sub | (1) | (2) | (3) |
|---|---|---|---|
| EA · After | 0.817*** (2.850) | - | - |
| EcoAcc_poli · After | - | 0.090* (1.771) | - |
| EcoAcc_reg · After | - | - | 0.169*** (3.848) |
| Size | 0.038 (0.126) | 0.038 (0.125) | 0.014 (0.048) |
| DOL | 0.000*** (14.008) | 0.000*** (14.016) | 0.000*** (14.307) |
| Current | -0.074*** (-3.113) | -0.074*** (-3.105) | -0.072*** (-3.019) |
| ROA | 0.044 (0.088) | 0.035 (0.070) | 0.041 (0.082) |
| GDPPC | -8.925*** (-2.807) | -8.389*** (-2.642) | -8.927*** (-2.818) |
| R_GDP | 87.659** (2.236) | 86.231** (2.200) | 80.997** (2.060) |
| Constant | 97.294*** (2.873) | 91.574*** (2.709) | 98.163*** (2.907) |
| Observations | 5 859 | 5 859 | 5 859 |
| R-squared | 0.317 | 0.317 | 0.319 |

注：括号内为 *T* 值；*、**、*** 分别表示 10%、5%、1% 水平显著。

此外，对中央环保督察的效力因素根据式（6-2）的模型进行进一步检验，结果列示于表 6-6 第（2）~（3）列。第（2）列结果显示，中央政治压力对企业的次级环境成本有显著的正向作用，EcoAcc_poli · After 检验系数为 0.090 并通过了 10%水平的统计检验，地区受到来自中央的政治压力越大，公司支出的次级环境成本越多，支持了 H2a。第（3）列结果列示了中央环保督察中环境规制强度对企业的次级环境成本的影响。结果显示，EcoAcc_reg · After 的回归系数为 0.169 并通过了 1%水平的显著性检验，这表明中央环保督察中对环境规制强度要求越高的地区，公司支出的次级环境成本越多，支持了 H2b。

比较结果可见，在中央环保督察对公司次级环境成本的影响效力因素中，环境规制的影响要略强于中央政治压力的影响。这可能是由于次级环境成本中大多数项目都为企业的被动环境支出，例如环保税、罚款等，与环保相关法规的执法力度的直接联系比较大，因此公司次级环境成本受到环境规制强度的直接影响较大，结论支持了 H3。

## 第五节　稳健性检验

### 一、受限因变量的 Tobit 模型检验

#### （一）模型构建

次级环境成本数据虽然大致在正值上连续分布，但仍然包含一部分观察值为 0 的样本数据，即仍有部分公司可能由于当期表现良好或其他合理原因而未发生环境处罚，因此，没有在当期产生环境成本。这部分样本的观察值虽然为 0，但并非无意义的样本数据，不能随意剔除，否则会造成估计结果偏差。因变量环境成本的概率分布为由一个连续分布与一个离散点组成的混合分布（mixed distribution），如果采用普通最小二乘法（OLS）进行估计可能无法获得一致估计量，因此本章考虑使用 Tobit 模型（Tobin，1958）对这类数据特征进行反映，左侧受限点为 0。综上，构建如下模型：

$$\text{EC\_Sub}^*_{i,t} = \beta \text{EA} \cdot \text{After}'_{i,p,t} + \delta X_{p,t} + \lambda E_{i,t} + \mu_i + \varepsilon_{i,t}$$

$$\text{EC\_Sub}_{i,t} = \begin{cases} \text{EC\_Sub}^*_{i,t} & \text{if } \text{EC\_Sub}^*_{i,t} > 0 \\ 0 & \text{if } \text{EC\_Sub}^*_{i,t} \leqslant 0 \end{cases} \tag{6-8}$$

式（6-8）中，$\text{EC_Sub}_{i,t}$表示次级环境成本。当潜变量 $\text{EC_Sub}^*_{i,t}$大于

0 时被解释变量 $EC\_Sub_{i,t}$ 等于 $EC\_Sub^*_{i,t}$ 本身；当潜变量 $EC\_Sub^*_{i,t}$ 小于或等于 0 时被解释变量 $EC\_Sub_{i,t}$ 等于 0。$\varepsilon$ 为随机扰动项。

Tobin 所提出的 Tobit 模型为受限因变量提供了估计方法，即可以使用最大似然估计对审查数据给出一致性估计结果。对于个体效应 $\mu_i$，如果其与解释变量 EA · After 相关则为固定效应模型（FE）；反之则为随机效应模型（RE）。由于本书使用的面板数据，故可使用理论发展较为成熟的面板 Tobit 混合效应模型以及面板 Tobit 随机效应模型；而面板数据的固定效应 Tobit 模型理论上无法找到 $\mu_i$ 的充分统计量，不能进行条件最大似然估计，但可以尝试使用 Honoré（1992）提出的一种半参估计方法对面板数据的固定效应 Tobit 模型进行估计，这样在界面个体存在异方差的情况下也能得到一致估计量，无须假定残差的具体形式。本章将对随机效应、固定效应、混合效应的面板 Tobit 模型均进行检验，并通过检验结果判定采用哪种模型更为合适。

（二）检验结果

以上市公司次级环境成本为因变量，采用多期双重差分法进行回归分析，分别使用混合效应面板 Tobit 模型、随机效应面板 Tobit 模型、固定效应面板 Tobit 模型进行检验，结果见表 6-7 Panel A 部分。

Panel B 中模型检验结果显示，极大似然比值（LR 检验）明显拒绝了认为存在个体效应的原假设，即在混合效应面板 Tobit 模型与随机效应面板 Tobit 模型二者之间应选择随机效应面板 Tobit 模型。Hausman 检验拒绝了随机效应模型（RE）与固定效应模型（FE）估计无差异的原假设，说明在固定效应面板 Tobit 模型与随机效应面板 Tobit 模型二者之间应选择固定效应面板 Tobit 模型。综上，选择固定效应面板 Tobit 模型作为检验方法。

从 Panel A 第（3）列估计结果来看，与被问责前相比，接受中央环保督察组入驻的地区，企业的次级环境成本明显增加，系数为 6.238 并通过了 1%的显著性检验，结果支持了 H1 的正确性，结论具有稳健性。

表 6-7　中央环保督察对次级环境成本影响的面板 Tobit 模型

| Panel A | | | |
|---|---|---|---|
| Dep. Var = EC_Sub | 混合效应面板 Tobit 模型 | 随机效应面板 Tobit 模型 | 固定效应面板 Tobit 模型 |
| | (1) | (2) | (3) |
| EA · After | 3. 130***<br>(4. 414) | 1. 967***<br>(3. 554) | 6. 238***<br>(26. 261) |
| Size | 1. 313***<br>(10. 534) | 1. 001***<br>(6. 004) | 1. 410***<br>(12. 347) |
| DOL | 0. 002<br>(1. 419) | 0. 001<br>(0. 935) | 0. 000***<br>(5. 799) |
| Current | −0. 372***<br>(−5. 687) | −0. 283***<br>(−4. 317) | −0. 318***<br>(−4. 442) |
| ROA | 3. 490***<br>(2. 690) | 0. 893<br>(0. 890) | 3. 269**<br>(2. 505) |
| GDPPC | −2. 904***<br>(−7. 029) | −2. 620***<br>(−4. 200) | −2. 007***<br>(−5. 265) |
| R_GDP | −3. 633<br>(−0. 662) | −2. 668<br>(−0. 326) | −4. 332<br>(−0. 841) |
| Year | Yes | Yes | − |
| Constant | 4. 382<br>(0. 858) | 8. 721<br>(1. 158) | − |
| Observations | 5 859 | 5 859 | 5 859 |
| $p$ | 0. 000 | 0. 000 | 0. 000 |
| − | $R^2$=0. 046 | Wald $\chi^2$=1 937. 50 | − |
| Panel B 模型选择判断 | | | |
| 随机效应 VS 混合效应 | Likelihood ratio test | $\bar{\chi}^2$= 1 658. 66 | $P$ =0. 000 |
| 固定效应 VS 随机效应 | Hausman 检验 | $\chi^2$=77. 53 | $P$ =0. 000 |

注：括号内为 $T$ 值；*、**、*** 分别表示 10%、5%、1% 水平显著。

## 二、对效力指标不同度量方法的检验

中央环保督察效力指标中的中央政治压力与环境规制强度可以分别采用不同的方法进行度量，结果列示在表 6-8 中。

表 6-8 对效力指标不同度量方法的检验

| Dep. Var = EC_Sub | (1) | (2) |
| --- | --- | --- |
| EA_talk · After | 0.139***<br>(3.000) | - |
| EA_deten · After | - | 0.198***<br>(2.654) |
| Size | 0.033<br>(0.111) | 0.024<br>(0.081) |
| DOL | 0.000***<br>(14.043) | 0.000***<br>(14.170) |
| Current | -0.073***<br>(-3.094) | -0.073***<br>(-3.090) |
| ROA | 0.044<br>(0.088) | 0.040<br>(0.081) |
| GDPPC | -9.258***<br>(-2.911) | -8.280***<br>(-2.616) |
| R_GDP | 86.528**<br>(2.208) | 78.232**<br>(1.980) |
| Constant | 101.060***<br>(2.983) | 91.089***<br>(2.701) |
| Observations | 5 859 | 5 859 |
| R-squared | 0.317 | 0.317 |

注：括号内为 *T* 值；*、**、*** 分别表示 10%、5%、1% 水平显著。

中央环保督察组进行督查时，先进行官员约谈，后对部分官员进行问责。因此除了以被问责人数量衡量中央督察组施加的政治压力以外，还可以被约谈人数量进行替代解释。

EA_talk 为地区 $p$ 被约谈官员数量取对数。表 6-8 中第（1）列结果显示，EA_talk · After 回归系数为 0.139 并通过 1% 水平的显著性检验，实证结果依然稳健。

此外，中央环保督察组接到环境举报案件以后，会进行核实督办、立案处罚甚至对相关违规人员进行行政或刑事拘留。因此对于环境规制强度的衡量，除了使用立案处罚数量以外，本书还选用了被拘留人数量作为替代变量。

EA_deten 为地区 $p$ 被拘留人员数量取对数。表 6-8 中第（2）列结果显示，EA_deten · After 回归系数为 0.198 并通过 1%水平的显著性检验，实证结果依然稳健。

## 三、考虑当期次级环境成本数据

本书为了检验中央环保督察对上市公司后续环境行为的影响，考虑到政策效果在企业层面的反映时间的延迟性，使用了滞后一期的次级环境成本作为因变量，但当期次级环境成本的即期效果也应当得到验证。表 6-9 列示了督察组入驻各省（区、市）当期上市公司次级环境成本（EC_Subcur）作为因变量的回归结果。

第（1）列结果表明地区接受中央环保督察后当地公司会显著增加后续的次级环境成本，EA · After 系数为 0.407，通过 10%的显著性水平检验，同样支持了 H1。第（2）列结果没有支持中央政治压力对当期次级环境成本有影响的结论，表明中央政治压力对企业被动环保支出的效力需要一定时间才能体现。第（3）列结果表明环境规制强度对当期次级环境成本依旧存在显著的正向影响，EcoAcc_reg · After 系数为 0.092，通过 1%的显著性水平检验。结果同样支持了 H2b 与 H3。相比中央政治压力，中央环保督察中环境规制强度的起效速度更快，且对上市公司次级环境成本的影响更加明显，结论基本稳健。

**表 6-9　因变量考虑当期次级环境成本数据**

| Dep. Var = EC_Subcur | (1) | (2) | (3) |
|---|---|---|---|
| EA · After | 0.407* (1.893) | – | – |
| EcoAcc_poli · After | – | 0.044 (1.167) | – |
| EcoAcc_reg · After | – | – | 0.092*** (2.930) |
| Size | 0.098 (0.320) | 0.099 (0.320) | 0.085 (0.278) |

表6-9(续)

| Dep. Var = EC_Subcur | (1) | (2) | (3) |
|---|---|---|---|
| DOL | 0.000***<br>(8.214) | 0.000***<br>(8.209) | 0.000***<br>(8.444) |
| Current | -0.053***<br>(-3.129) | -0.053***<br>(-3.127) | -0.052***<br>(-3.071) |
| ROA | -2.440***<br>(-4.104) | -2.444***<br>(-4.091) | -2.441***<br>(-4.128) |
| GDPPC | -3.244<br>(-1.069) | -2.975<br>(-0.982) | -3.279<br>(-1.084) |
| R_GDP | 56.412<br>(1.496) | 55.666<br>(1.477) | 53.000<br>(1.404) |
| Constant | 35.869<br>(1.100) | 32.994<br>(1.013) | 36.707<br>(1.129) |
| Observations | 5 859 | 5 859 | 5 859 |
| R-squared | 0.264 | 0.264 | 0.265 |

注：括号内为 *T* 值；*、**、*** 分别表示 10%、5%、1% 水平显著。

## 第六节 进一步分析

### 一、地区环保财政保障水平

不同省（区、市）地方政府对环境治理的重视程度存在差异，可能导致当地企业对中央环境保护督察的反应程度不同。环境管制过程中的监察、污染核定、执法、税费征收等均需要得到财政资金的保障，在地方政府对环境治理较为重视的地区，财政支出会更多地流向与环境保护相关的事项中。

考虑到不同经济发展水平的地区的财政支出会存在差异，本书采用各省（区、市）当年的财政环境保护支出/当年国内生产总值，衡量当地对环境治理的保障程度，并将样本划分为高保障组和低保障组进行调节作用检验。如果环境治理保障水平超过样本年度中位数则定义为高保障，否则定义为低保障。

表6-10结果表明，相比于环境治理保障水平低的地区，在环境保护财政支出多、地方政府对环境治理更重视的地区，中央环保督察对当地上市公司的次级环境成本影响更大。

第（1）列高保障组EA·After系数为1.916并通过了1%水平的显著性检验，第（2）列EA·After系数不显著。但由于两组检验结果中未列示的95%置信区间存在重叠，并不能简单得出两组间存在显著差异的结论。进行组间系数差异检验后对应的P_value为0.008，确认两组样本检验系数存在统计学显著差异。

细化到中央环保督察的政治压力与环境规制强度效力，结论依然如此。针对中央政治压力EcoAcc_poli·After的检验中，高保障水平地区的中央政治压力对企业次级环境成本的影响效力作用更明显，对应的组间差异P_value为0.028，差异显著。而对环境规制强度EcoAcc_reg·After的检验中，高保障和低保障两组的检验系数分别为0.327和0.115，虽然高保障组系数要高一些，但均通过了显著性检验，进行组间系数差异检验后P_value为0.004，表明存在显著性差异。

**表6-10 中央环保督察对次级环境成本的影响：地区环保重视度差异**

| Dep. Var=EC_Sub | 高保障 | 低保障 | 高保障 | 低保障 | 高保障 | 低保障 |
|---|---|---|---|---|---|---|
| | (1) | (2) | (3) | (4) | (5) | (6) |
| EA·After | 1.916***<br>(4.761) | 0.583<br>(1.596) | - | - | - | - |
| EcoAcc_poli·After | - | - | 0.237***<br>(3.925) | 0.067<br>(1.207) | - | - |
| EcoAcc_reg·After | - | - | - | - | 0.327***<br>(5.142) | 0.115**<br>(2.517) |
| Size | -0.127<br>(-0.464) | 0.424**<br>(2.019) | -0.131<br>(-0.479) | 0.426**<br>(2.027) | -0.141<br>(-0.514) | 0.404*<br>(1.919) |
| DOL | 0.054<br>(1.412) | 0.000<br>(0.885) | 0.053<br>(1.390) | 0.000<br>(0.881) | 0.055<br>(1.446) | 0.000<br>(0.888) |
| Current | -0.073<br>(-1.392) | -0.065**<br>(-2.312) | -0.073<br>(-1.389) | -0.065**<br>(-2.313) | -0.068<br>(-1.304) | -0.064**<br>(-2.282) |
| ROA | -7.319***<br>(-2.718) | 0.772<br>(1.319) | -7.536***<br>(-2.793) | 0.769<br>(1.313) | -7.470***<br>(-2.775) | 0.763<br>(1.304) |

表6-10(续)

| Dep. Var=EC_Sub | 高保障 | 低保障 | 高保障 | 低保障 | 高保障 | 低保障 |
|---|---|---|---|---|---|---|
| | (1) | (2) | (3) | (4) | (5) | (6) |
| GDPPC | 1.635<br>(0.798) | 16.002***<br>(8.950) | 3.096<br>(1.565) | 16.484***<br>(9.387) | 1.610<br>(0.797) | 15.299***<br>(8.880) |
| R_GDP | -53.268<br>(-0.927) | -87.923***<br>(-3.770) | -55.713<br>(-0.963) | -89.194***<br>(-3.773) | -69.298<br>(-1.220) | -85.658***<br>(-3.734) |
| Constant | 0.203<br>(0.462) | 1.752***<br>(5.033) | 0.239<br>(0.542) | 1.776***<br>(5.105) | 0.215<br>(0.489) | 1.712***<br>(4.930) |
| Observations | 2 533 | 3 326 | 2 533 | 3 326 | 2 533 | 3 326 |
| R-squared | 0.235 | 0.369 | 0.232 | 0.369 | 0.236 | 0.370 |
| P_value | 0.008*** | 0.028** | 0.004*** | | | |

注：括号内为 $T$ 值。*、**、*** 分别表示 10%、5%、1% 水平显著。P_value 用于检验组间系数 EA·After、EcoAcc_poli·After、EcoAcc_reg·After 的差异显著性，采用似无相关模型（seemingly unrelated regression）进行检验，由于无法直接将该方法应用于面板数据模型，因此本书先手动剔除个体效应，再进行 OLS 分组估计，而后执行组间系数检验。

## 二、高管政治背景

在上市公司进行环境管制俘获的过程中，聘请具有政治背景的高管是一种常见的建立政商关系的手段，能够在一定程度上抵御企业经营中可能面临的政策风险。因此上市公司高管是否具有政治背景，在中央环保督察对公司经济行为的影响中可能会存在差异。

本书对样本公司当期是否聘请了具有政治背景的高管进行了整理，将现任或曾任县处级副职以上行政职务的高管认定为具有政治背景，并据此分为有政治背景和无政治背景两个样本组进行组间差异检验，结果如表 6-11 所示。

第（1）~（2）列结果显示，没有聘请具有政治背景的高管的公司在中央环保督察后次级环境成本增加更多，EA·After 系数为 2.177 并在 1%的水平显著；而有政治背景的高管的样本组系数为 1.54 并通过了 1%水平的显著性检验。组间差异检验 $p$ 值为 0.065，通过了显著性检验，表明中央环保督察对企业次级环境成本的影响在是否具有政治背景的高管的两组样本间存在显著性差异。

进一步验证中央环保督察的具体效力时，第（3）列 EcoAcc_poli · After 系数为 0. 159，虽然相比第（4）列中对应系数 0. 281 较小，但组间差异检验表明中央政治压力对企业次级环境成本的影响在是否具有政治背景的高管的两组样本间不存在显著性差异，这说明企业通过聘请具有政治背景的高管所建立的政商关系无法抵消中央环保督察带来的政治压力的影响。

第（5）列 EcoAcc_reg · After 的检验系数为 0. 201，相比第（6）列中对应系数 0. 343 较小，且均通过了 1%的显著性水平检验，同时组间差异检验的 $p$ 值为 0. 051，通过了显著性检验，以上表明环境管制强度对企业次级环境成本的影响在是否具有政治背景的高管的两组样本间依然存在显著性差异。

以上结果表明，相比没有通过聘请具有政治背景的高管主动建立政治联系的公司，主动建立这类政治联系的上市公司能够减弱中央环保督察的效力，但在面对中央政治压力时这种减弱效果并不明显。

**表 6-11　中央环保督察对次级环境成本的影响：高管政治背景差异**

| Dep. Var= EC_Sub | 有背景 | 无背景 | 有背景 | 无背景 | 有背景 | 无背景 |
|---|---|---|---|---|---|---|
| | (1) | (2) | (3) | (4) | (5) | (6) |
| EA · After | 1. 154 *** (3. 985) | 2. 177 *** (4. 291) | – | – | – | – |
| EcoAcc_poli · After | – | – | 0. 159 *** (3. 510) | 0. 281 *** (3. 903) | – | – |
| EcoAcc_reg · After | – | – | – | – | 0. 201 *** (4. 899) | 0. 343 *** (5. 440) |
| Size | 0. 265 (1. 335) | 0. 238 (0. 843) | 0. 262 (1. 318) | 0. 236 (0. 834) | 0. 233 (1. 175) | 0. 188 (0. 667) |
| DOL | −0. 001 (−0. 575) | 0. 000 (0. 898) | −0. 001 (−0. 568) | 0. 000 (0. 893) | −0. 001 (−0. 589) | 0. 000 (0. 918) |
| Current | −0. 085 ** (−2. 319) | −0. 070 ** (−1. 996) | −0. 084 ** (−2. 290) | −0. 070 ** (−1. 998) | −0. 083 ** (−2. 255) | −0. 066 * (−1. 890) |
| ROA | 0. 467 (0. 350) | −0. 023 (−0. 031) | 0. 377 (0. 282) | −0. 026 (−0. 035) | 0. 476 (0. 357) | −0. 032 (−0. 045) |
| GDPPC | 4. 363 ** (2. 403) | 7. 861 *** (3. 868) | 4. 966 *** (2. 777) | 9. 232 *** (4. 866) | 4. 091 ** (2. 282) | 7. 606 *** (4. 029) |

表6-11(续)

| Dep. Var=EC_Sub | 有背景 | 无背景 | 有背景 | 无背景 | 有背景 | 无背景 |
|---|---|---|---|---|---|---|
| | (1) | (2) | (3) | (4) | (5) | (6) |
| R_GDP | -31.737<br>(-1.020) | -16.951<br>(-0.538) | -30.874<br>(-0.988) | -21.053<br>(-0.669) | -39.073<br>(-1.268) | -25.264<br>(-0.829) |
| Constant | -0.251<br>(-0.665) | 1.830***<br>(3.584) | -0.216<br>(-0.572) | 1.888***<br>(3.697) | -0.227<br>(-0.602) | 1.802***<br>(3.535) |
| Observations | 2 942 | 2 917 | 2 942 | 2 917 | 2 942 | 2 917 |
| R-squared | 0.022 | 0.233 | 0.021 | 0.232 | 0.025 | 0.236 |
| P_value | 0.065* | 0.147 | 0.051* | | | |

注：括号内为*T*值。*、**、***分别表示10%、5%、1%水平显著。P_value用于检验组间系数EA·After、EcoAcc_poli·After、EcoAcc_reg·After的差异显著性，采用似无相关模型（seemingly unrelated regression）进行检验，由于无法直接将该方法应用于面板数据模型，因此本书先手动剔除个体效应，再进行OLS分组估计，而后执行组间系数检验。

## 第七节　本章小结

本章检验了中央环保督察对企业次级环境成本决策的影响。研究发现，在经历中央环保督察之后，企业次级环保投入会显著增加。在对中央环保督察过程中的有效因素进行分析后发现，中央政治压力会显著促使企业增加下一期的次级环境成本，中央环保督察中对环境规制强度要求越高的地区，公司支出的次级环境成本越多。结果显示，环境规制的影响要强于中央政治压力的影响。可能由于次级环境成本中大多数项目都为企业的被动环境支出，例如环保税、罚款等，其与环保相关法规的执法力度的直接联系比较大，因此企业受环境规制强度的直接影响较大。在针对企业当期次级环境成本的检验中，中央政治压力对当期次级环境成本的影响并不显著，表明中央政治压力对企业被动环保支出的效力需要一定的时间才能得到体现。

进一步对地区的环境治理保障水平进行分析后发现，相比于环境治理保障水平低的地区，在环境保护财政支出多、地方政府对环境治理更重视的地区，中央环保督察对当地上市公司的次级环境成本的影响更大。细化到中央环保督察的政治压力与环境规制强度效力，结论依然如此，高保障水平地区的中央政治压力与环境规制对企业次级环境成本的影响效力作用更明显。这可能是因为环境治理保障水平高的地区政策执行更为快速，效率传导更加灵敏。

考虑高管的政治背景后发现，没有聘请具有政治背景的高管的公司在中央环保督察后次级环境成本增加更多。环境管制强度对企业次级环境成本的影响在是否具有政治背景的高管的两组样本间存在显著差异。但中央政治压力对企业次级环境成本的影响在是否具有政治背景的高管的两组样本间没有存在显著差异，说明企业通过聘请具有政治背景的高管建立的政商关系无法抵消中央环保督察中政治压力的影响。

# 第七章　中央环保督察对可持续环境成本的影响

## 第一节　引言与研究问题

生态文明建设要求企业妥善解决生态问题，不仅要求对资源的投入“量”足，还要求对资源的使用“效”高。企业环境成本的增加并非一定意味着对生态环境的改善。先污染后治理、边排放边罚款的方式显然是低效的，会被动地产生环境成本，其主要目的在于补偿以前的环境损害，但企业支付的这部分环境成本却不一定能够确保其改变日后的污染行为。防微杜渐，慎终如始，生态保护应该从污染发生的起点开始预防，并时刻关注企业生产的全过程。因此，提高生产技术，改善生产流程，才是企业环保投入应有的高效使用方式。本章主要对中央环保督察对企业的可持续环境成本可能产生的影响进行研究。

本章选取了2013—2018年中国A股重污染行业上市公司的数据，通过生态环境部官方网站公告整理出中央环保督察组首轮巡视相关数据，并手工分类、筛选，统计出企业可持续环境成本数据，用以研究中央环保督察对企业可持续环境成本行为的影响。经研究发现：①中央环保督察与企业可持续环境成本呈显著正相关关系，使企业提高了对环保技术开发、升级改进生产设备等方面的投入。②在中央环保督察中环境规制力度与地方受到的中央政治压力越大，越能促进当地企业增加可持续环境成本，两者均产生正向显著影响。③聘请了具有政治背景的高管的企业在中央环保督察的影响下可持续环境成本增加更多，在中央政治压力与环境管制强度的影响下可持续环境成本也存在高管政治背景的组间差异。

## 第二节　理论分析与研究假设

### 一、环境成本正当性

以往政策与研究多立足于污染付费原则，力图在污染后果定量技术上寻求解决之道，加之地方政府约束不力，造成企业更愿意选择环境补偿（恢复）成本，即边污染边支付罚款，把生态损害成本转嫁给社会，这样，原本无法计量的外部性成本和付费的内部性成本双重叠加，反而使地方利益集团坐收渔利。缴纳一次性的罚款、税费、补偿费用并不代表企业拥有了污染环境的权利，且从长期来看，改善环境的效果有限。企业应当在生产的全过程对环境污染予以关注，监管方也应当在过程中施加压力，只有关注环境成本确认的正当性才能更好地发挥环保措施的有效性。

具有不同环境动机的企业在环境成本的选择上存在差异。Cheng 等人（2019）针对 253 家中国企业的高管的调查研究结果表明：可持续环境动机（SEM）导向的企业会采取更多的环境行为，并且会更加关注与生产行为相关的环境成本投入；而商业动机导向（BEM）的公司则更关注在会计核算中减少环境成本。这也意味着企业解决环保问题的成本路径将会反映企业的长期发展是粗放型还是可持续型。

如果将中央环保督察看作一类更强有力的环境规制，根据“波特假说”，企业应当会逐步增加可持续环保投入，进行技术创新以解决后续的污染问题。但 Jiang 等人（2011）的研究表明环境规制对技术创新的积极作用不显著。龙小宁等人（2017）的研究发现环境规制能够提高大企业的利润率，但是会降低小企业的利润率，并且没有促进企业创新。因此单独依赖环境规制似乎无法保证企业选择可持续性环保投入。

显然环保督察不仅仅只是一种更强的环境规制，它包含着更为重要的中央政治压力。在政治压力下被问责的地方政府无法继续为重污染企业充当保护伞，企业也不能继续用缴纳不痛不痒的罚款蒙混过关。如果无法淘汰落后的生产方式与技术，企业与地方官员将被淘汰。地方监管者与被监管者在中央政治压力下形成了另一种针对环保问题的利益共同体。此时企业的环境成本类型偏好将转变为可持续型环保投入，即在可能的范围内将资金更多地投向对公司长远发展有利的环境治理项目。

此外，次级环境成本主要包含支付的各类罚款及补偿类费用，这些损益类成本会显著影响上市公司当期利润表现。而如果选择将资金投入研发环保技术或更新设备，成本将会逐渐分摊在以后各期，财报绩效压力较大的上市公司可能会更偏好可持续型环保投入，以维持公司报表业绩或减少税金支出，使综合效益达到最大。

## 二、可持续环境成本的识别与归集

在第六章中已经对环境成本的“次级环境成本”与“可持续环境成本”的分类原则做基本介绍。可持续环境成本注重在企业生产经营的全过程中避免环境损害，解决源头问题，其存在周期较长，并能够在较长的时期内发挥环保作用，能够有效地促进企业的可持续发展。此类环保支出主要用于设计环保产品、更换原有生产设备、调整原有生产工艺、对废弃物进行回收再利用、研究开发环保新技术等，基本属于企业出于社会责任主动发生或在政府鼓励、成本效率权衡等驱动下自主发生的环境成本。

可持续环境成本发生当期在会计要素中大多归为资产类科目，少部分认定为费用，之后逐渐通过资产折旧、摊销等进入损益类科目。与环境相关的资本性支出能够高度反映企业的环境成本内部化水平（吉利 等，2016）。有学者认为环境成本资本化后即应被归为环境资产（许家林 等，2006）。但在资本化之前，可持续环境成本在会计实务中并没有单独的会计科目对其进行处理，大部分与无形资产相关的支出会被先归集到发生当期的开发支出科目中，而与固定资产相关的支出则先归集到在建工程科目中，后期对符合条件的项目再进行资本化处理。

因此，本书通过查阅相关会计准则、环保政策、企业年报及公告，综合考虑数据的可获得性，对可持续环境成本涉及的主要项目进行了整理，主要通过会计当期开发支出、在建工程中涉及环保事项的相关明细进行归集，用以衡量上市公司的可持续环境成本。具体见表 7-1。

**表 7-1　可持续环境成本计量范畴**

| | 会计科目 | 项目明细 |
|---|---|---|
| 可持续环保成本（EC_Sus） | 开发支出 | 如：节能环保高槽龄铝电解槽的研发、<br>黏质土壤改良及植被生态恢复技术研究、<br>高氨氮废水资源化回收工艺研究等 |
| | 在建工程 | 如：硝铵粉尘及硝铵水回收工程、<br>高能耗电机更新和机电设备变频节能改造、<br>捣固炼焦煤气脱硫改造工程等 |

## 三、政企间的成本气球效应：直接与间接环境监管机制

环境监管有直接监管与间接监管之分。直接监管是指由政府出面直接对地方环境进行检测，并依据行为者对环境造成的影响进行管制与处罚。大量实证研究表明直接环境监管机制对控制污染物排放有着显著的积极作用（Shapiro et al.，2018）。根据希克斯理论，在直接环境监管下企业合规的隐性成本将会激励企业进行环保技术创新。企业由于希望能用尽可能低的成本满足法定排放标准，也会产生进行技术创新的动力（Montero，

2002）。因此直接的环境监管机制也能促进企业的绿色技术创新（Klemetsen et al.，2018；Ramanathan et al.，2018）。从产业异质性角度考虑，与劳动资源密集型产业相比，直接的环境调控可以有效鼓励技术资本密集型产业的绿色技术创新（Cai et al.，2020）。

但在传统的环境经济学中更提倡使用间接的环境监管机制，即通过价格机制来促使企业减少环境污染。这类监管法规具有更强的灵活性，能够鼓励企业更积极地寻找有效减少污染的方式，在一定程度上提高企业开发环保技术如环境税或可交易排污权等（Eiadat et al.，2008；Hattori，2017；Villegas-Palacio et al.，2010）的动力。

因此，直接和间接环境管制手段均有可能促使企业创新，增加可持续环境成本。根据环境经济学中的均衡理论，以环境税为代表的间接手段和以排放标准为代表的直接手段都能将污染控制在一个可接受的范围内，两者的组合会形成一个均衡曲线。直接与间接监管会产生执行成本，在均衡成本区间内也会彼此相互挤压，形成环境管制过程中的政府与企业间的成本气球效应。

由于管制成本气球效应的存在，政府在选择管制方式时可能会避免使用直接监管。政府承担了公众代理人的角色，理应承担制定环保标准并投入资源进行直接监管的责任，但准确监测每个行为者的污染排放在实际操作中较为困难，且管理费用较高，使得政府执行直接环境管制的成本不菲。而选择使用环保税等间接手段则是一种更加轻松且成本更低的方法，可以利用价格手段提高生产者的污染成本从而自动调节污染行为。使用价格手段控制企业污染实质上是将由政府承担的管制成本转嫁给了生产者，将成本气球向生产者挤压。

成本气球向生产者一方挤压，实质上是政府逃避了环境治理责任，跳出了中立监督、公众代理的角色，成为市场的参与者，在价格手段中获利，得到财政收入。且间接监管可能会造成产品价格提高，成本向消费者转移，最终减少产量和消费量；或价格手段不足以改变企业行为，企业边污染边缴费使得市场手段失灵。以此来满足环保需求会降低社会生产效率，是一种“治标不治本”的方式。习近平主席提出的“两山理论”就是要求不能舍弃对生态或对经济任何一方的追求，要提高执政能力，绿化生产流程，促进技术发展。

综上，中央环保督察就是针对地方政府在环境治理方面的执政能力进行问责，强调政府在生态建设中的职能与作用，增强直接环境监管的执行力度，同时促进企业的技术创新，增加企业的可持续环境投入。据此提出假设1（H1）：

H1：中央环保督察会显著增加企业的可持续环境成本。

进一步地，中央环保督察在向下传导的过程中既对企业执行了环境规制也对地方政府施加了政治压力。环境管制俘获中的政企不当行为会抑制企业的创新投入（后青松，2015）。政治压力的向下传导使得环境治理责任更加明确，任期负责制会增强地方政府与企业实施不当行为的动机，而如果采用终身负责制就可以有效地迫使官员考虑这种行为对自身未来政治生涯的影响（张彦博 等，2018）。政府执政权威的提高也有助于实施监管与处罚（黎文靖，2007）。企业可能会由此积极开展环境治理行动，加大对预防未来污染的支出。因此，提出假设2a（H2a）：

H2a：在中央环保督察后，中央政治压力越大，企业可持续环境成本增加越多。

波特假说认为，环境规制会促进企业创新，甚至创新的获益可能会大于企业的合规成本（Jaffe et al.，1997）。环境规制强度的加大可以显著提高工业产能利用率（Yu et al.，2020），被规制的公司会进行更频繁的标准更新和更严格的修订（Ambec et al.，2021）。在众多不同的中国情景验证下，波特假说是否成立不仅取决于环境规制的强度（何玉梅 等，2018；王腾 等，2017），还取决于环境规制的类型（原毅军 等，2016）、企业的合规成本异质性（龙小宁 等，2017），甚至取决于地区差异（Jiang et al.，2011；张成 等，2011）。总体而言，环境规制力度的增强应当能够促进企业对创新型技术或资产的投入，因此提出假设 2b（H2b）：

H2b：在中央环保督察后，环境规制越强，企业可持续环境成本增加越多。

## 第三节　研究设计

### 一、样本选择与数据来源

本章依据证监会上市公司行业分类结果与生态环境部《上市公司环保核查行业分类名录》综合考虑，剔除文化传媒、服务业、金融业等，得到包含冶金、钢铁、采矿、化工、纺织、造纸、制革、制药、石化、酿造等重污染行业公司在内的基础范围，再选取 2013—2018 年的 A 股上市公司作为样本。剔除所有年度内均没有产生过可持续环境成本的样本，最终得到 4 211 个样本。

中央环保督察相关数据由生态环境部官网发布的第一轮中央环保督察组对各省（区、市）的反馈报告经手工整理得出。公司财务数据来源于 CSMAR 数据库。地区经济数据来源于国家统计局网站。本书的环境成本明细与分类为作者根据财务报表附注中所披露的开发支出、在建工程一级会计科目中的项目明细手工整理得出。

### 二、多期 DID 模型与变量选择

本章采用多期双重差分法（Multiphase DID）解决中央环境保护督察入驻每个省（区、市）的时间点不同的问题，构建以可持续环境成本为因变量、中央环保督察为主要观察变量的基本模型进行检验。

$$EC\_Sus_{i,t} = \alpha + \beta EA_{i,p} \cdot After_{p,t} + \delta X_{p,t} + \lambda E_{i,t} + Year + \varepsilon \quad (7-1)$$

其中：

$EC_Sus_{i,t}$表示可持续环境成本。由于中央环保督察执行时间分散，并且公司的成本行为需要时间进行决策与执行，本书选择了滞后一期成本数据以观察问责之后公司的环境行为。

EA · After 为主要估计量，同时反映了 $i$ 公司所在 $p$ 省（区、市）是否曾被问责（EA）、问责的时间（After）。After 是基于中央环境保护督察组分别进驻各省（区、市）的时间的哑变量；数据若为被问责当期及之后的时期则 After 取值为 1，否则为 0。如果检验结果中 EA · After 显著，则表明中央环保督察对企业环境成本行为产生了显著影响。

$X_{p,t}$和 $E_{i,t}$分别为一系列随时间变化的区域特征变量和公司特征变量。具体研究涉及的变量解释见表 7-2。

进一步考虑中央环保督察中的政治压力与环境规制强度，构建如下模型：

$$EC\_Sus_{i,t} = \alpha_0 + \alpha_1 EAs_{p,i} \cdot After_{p,t} + \alpha_2 LEV_{i,t} + \alpha_3 DTL_{i,t} + \alpha_4 ROI_{i,t} + \alpha_5 LROC_{p,t} + \alpha_6 Share_{i,t} + \alpha_7 Ind_{i,t} + Year + \varepsilon \quad (7-2)$$

其中 $EAs_{p,i} \cdot After_{p,t}$为主要估计量。$EAs_{p,i}$包括政治压力 EcoAcc_poli［核心数据为 $i$ 企业所在 $p$ 省（区、市）被问责官员总人数］以及环境规制强度 EcoAcc_reg［核心数据为 $i$ 企业所在 $p$ 省（区、市）环保督察期间立案处罚数］。

**表 7-2　变量描述**

| 变量 | 解释 |
| --- | --- |
| After | 表示 $p$ 省（区、市）受到中央环保督察的时间。被督察及之后的时期取值为 1，否则为 0 |
| EA | $i$ 公司所在 $p$ 省（区、市）是否接受过中央环保督察。接受过取值为 1，否则为 0 |
| EcoAcc_poli | $i$ 企业所在 $p$ 省（区、市）被问责官员总人数取对数 |

表7-2(续)

| 变量 | 解释 |
| --- | --- |
| EcoAcc_reg | $i$ 企业所在 $p$ 省（区、市）环保督察期间立案处罚数取对数 |
| EC_Suscur | 当期可持续环境投入，包含开发支出、在建工程中涉及环保事项的明细项目的当期增加额 |
| EC_Sus | 下一期可持续环境成本（即前置一期成本数据） |
| LEV | 公司资产负债率=本期总负债/本期总资产 |
| DTL | 综合杠杆=（本期净利润+本期所得税费用+本期财务费用+本期固定资产折旧、油气资产折耗、生产性生物资产折旧+本期无形资产摊销+本期长期待摊费用摊销）/（本期净利润+本期所得税费用） |
| ROI | 投资收益率=本期投资收益/（长期股权投资本期期末值+持有至到期投资本期期末值+交易性金融资产本期期末值+可供出售金融资产本期期末值+衍生金融资产本期期末值） |
| LROC | 长期资本收益率=（本期净利润+本期所得税费用+本期财务费用）/本期长期资本额 |
| Share | 公司所有权哑变量。国有企业取值为 1，否则为 0 |
| Ind | 2012 版证监会行业分类 |

## 第四节　检验结果

### 一、变量描述性统计与相关性检验

表 7-3 列示了检验模型涉及变量的基本描述性统计结果。其中 After 的均值为 0.475，标准差为 0.499，表明受到中央环保督察冲击前与受到冲击后的样本分布大致相当。为了更直接地观察受到冲击前后的可持续环境成本变化情况，本书根据地区在一个时期是否受到中央环保督察将样本公司分为被督察前组和被督察后组进行组间差异检验，结果如表 7-4 所示。结果显示均值检验中被督察前组的可持续环境成本高于被督察后组，当期可持续环境成本（EC_Suscur）与下一期可持续环境成本（EC_Sus）的均值都有明显的组间差异，且均值在 1%的水平上存在显著差异。

表 7-3　变量描述性统计

| 变量 | $N$ | mean | sd | min | max |
| --- | --- | --- | --- | --- | --- |
| EC_Suscur | 4 211 | 5. 691 | 7. 666 | 0 | 22. 125 |
| EC_Sus | 4 211 | 6. 112 | 7. 864 | 0 | 22. 125 |
| After | 4 211 | 0. 475 | 0. 499 | 0 | 1 |
| EcoAcc_poli | 4 211 | 6. 022 | 1. 033 | 3. 689 | 7. 386 |
| EcoAcc_reg | 4 211 | 6. 817 | 1. 116 | 3. 850 | 8. 386 |
| LEV | 4 211 | 0. 467 | 0. 194 | 0. 022 | 1. 037 |
| DTL | 4 211 | 3. 288 | 6. 893 | 0. 470 | 179. 655 |
| ROI | 4 211 | 1 224. 475 | 67 827. 280 | -91. 455 | 4 324 004. 000 |
| LROC | 4 211 | 0. 119 | 0. 360 | -0. 017 | 22. 799 |
| Ind | 4 211 | 0. 774 | 0. 890 | 0 | 2 |
| Share | 4 211 | 31. 556 | 14. 238 | 1 | 81 |

表 7-4　可持续环境成本组间差异检验

| 变量 | $N$ (After = 0) | 入驻前均值 (After = 0) | $N$ (After = 1) | 入驻后均值 (After = 1) | MeanDiff |
| --- | --- | --- | --- | --- | --- |
| EC_Suscur | 2 210 | 5. 053 | 2 001 | 6. 396 | -1. 343*** |
| EC_Sus | 2 210 | 5. 6 | 2 001 | 6. 678 | -1. 078*** |
| LEV | 2 210 | 0. 473 | 2 001 | 0. 46 | 0. 013** |
| DTL | 2 210 | 3. 629 | 2 001 | 2. 912 | 0. 717*** |
| ROI | 2 210 | 2. 012 | 2 001 | 2 574. 621 | -2. 60E+03 |
| LROC | 2 210 | 0. 12 | 2 001 | 0. 117 | 0. 004 |
| Ind | 2 210 | 0. 805 | 2 001 | 0. 74 | 0. 066** |
| Share | 2 210 | 31. 074 | 2 001 | 32. 089 | -1. 015** |

注：*、**、*** 分别表示组间均值差异（MeanDiff）在 10%、5%、1% 水平显著。

此外，本书对各变量进行了 Spearman 相关性分析与 Pearson 相关性分析。表 7-5 显示，在两种相关性分析中，中央环保督察与公司可持续环境成本均呈高度正相关关系，且均在 1%水平显著，可以进行进一步的回归分析。

表 7-5　相关性分析

| Spearman / Pearson | EC_Sus0 | EC_Sus | After | EcoAcc_poli | EcoAcc_reg | LEV | DTL | ROI | LROC | Ind | Share |
|---|---|---|---|---|---|---|---|---|---|---|---|
| EC_Sus0 | 1 | 0. 241*** | 0. 087*** | -0. 027* | -0. 044*** | 0. 054*** | -0. 006 | 0. 023 | -0. 01 | 0. 022 | -0. 017 |
| EC_Sus | 0. 259*** | 1 | 0. 068*** | -0. 026* | -0. 046*** | 0. 060*** | -0. 008 | -0. 014 | -0. 012 | 0. 035** | -0. 018 |
| After | 0. 089*** | 0. 071*** | 1 | -0. 052*** | -0. 057*** | -0. 032** | -0. 052*** | 0. 019 | -0. 005 | -0. 037** | 0. 036** |
| EcoAcc_poli | -0. 022 | -0. 015 | -0. 044*** | 1 | 0. 330*** | -0. 059*** | 0. 057*** | -0. 031** | 0. 004 | -0. 022 | -0. 122*** |
| EcoAcc_reg | -0. 041*** | -0. 043*** | -0. 057*** | 0. 215*** | 1 | -0. 135*** | -0. 037** | -0. 018 | 0. 02 | -0. 166*** | 0. 025 |
| LEV | 0. 069*** | 0. 078*** | -0. 034** | -0. 044*** | -0. 136*** | 1 | 0. 193*** | 0. 020 | -0. 017 | 0. 225*** | 0. 226*** |
| DTL | 0. 035** | 0. 039* | -0. 071*** | 0. 094*** | -0. 121*** | 0. 440*** | 1 | -0. 002 | -0. 043*** | 0. 086*** | -0. 041*** |
| ROI | -0. 016 | -0. 041*** | 0. 002 | -0. 042*** | 0. 047*** | -0. 101*** | -0. 141*** | 1 | 0. 002 | 0. 001 | -0. 003 |
| LROC | 0. 017 | 0. 026* | 0. 016 | -0. 038** | 0. 074*** | 0. 041*** | -0. 557*** | 0. 087*** | 1 | -0. 028* | -0. 033** |
| Ind | 0. 030* | 0. 046*** | -0. 037** | 0. 016 | -0. 191*** | 0. 231*** | 0. 184*** | 0. 005 | -0. 088*** | 1 | 0. 085*** |
| Share | -0. 026* | -0. 028* | 0. 036** | -0. 105*** | 0. 017 | 0. 244*** | -0. 042*** | -0. 001 | -0. 064*** | 0. 120*** | 1 |

注：*、**、*** 分别表示变量相关性在 10%、5%、1% 水平显著。

## 二、环境成本总量与结构变化趋势

根据环境成本的分类，本书对次级环境成本与可持续环境成本在各年的变化趋势进行分析，如图 7-1 所示。

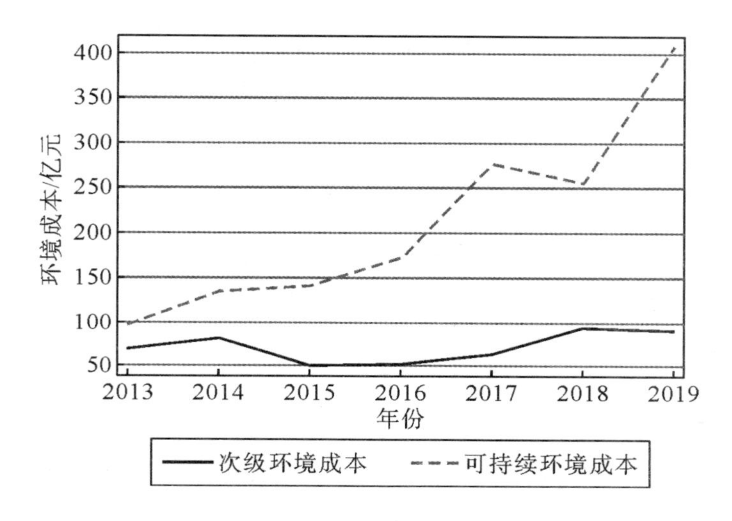


图 7-1　企业环境成本总量与结构变化趋势

首先，从总量上看，次级环境成本的投入总量金额明显小于可持续环境成本。其次，从变化幅度上看，可持续环境成本在 2016 年后有明显的上涨趋势，而次级环境成本的变化幅度相对来说并不明显，这表明中央环保督察不仅使企业的两类成本都有不同程度的增加，还会使企业更加注重可持续环境成本的投入，优化环境成本结构。

## 三、平行趋势检验

由于模型选用了多期双重差分法，因此在评估政策效果时有必要识别控制组与处理组样本在中央环保督察发生前是否具有一致的趋势，以保证两者的可比性。为此参考 Beck 等人（2010）的研究，在计量中使用各个年份的哑变量与环保督察实验组变量的交互项，以观察政策前的交互项系数是否不显著。

$$EC\_Sus_{i,t}=\alpha+\beta_{t-4}EA_{i,p}\cdot After_{p,t-4}+\beta_{t-3}EA_{i,p}\cdot After_{p,t-3}+\cdots+\beta_{t+3}EA_{i,p}\cdot After_{p,t+3}+Year+\varepsilon \tag{7-3}$$

在式（7-3）中，$EA_{i,p}\cdot After_{p,t-m}$和$EA_{i,p}\cdot After_{p,t+n}$分别表示中央环保督察前 $m$ 年和后 $n$ 年的数据，$\beta_{t-m}$表示政策执行前的 $m$ 期产生的影响，$\beta_{t+n}$表示政策执行后的 $n$ 期产生的影响。窗口期包含了 2013—2018 年，因此针对多期政策执行时间，样本政策前最长为前 4 期，即 $m\in[1,2,3,4]$，样本政策后最长为后 3 期，即 $n\in[0,1,2,3]$。

在本书的研究背景下，$t-m$ 至 $t+n$ 时间范围内每个样本只经历一次政策处理。在两个可能的结果值 $y(\omega_j)$ 和 $y(\omega_k)$ 之间的平均处理效应（ATE）可以表示为

$$ATE_{jk}=E[y(\omega_j)-y(\omega_k)]=E(y|\omega_j)-E(y|\omega_k) \tag{7-4}$$

则虚拟变量 $EA_{i,p}\cdot After_{p,t+n}$的系数为：

$$\beta_{t+n}=ATE_{(t+n)\text{before}}=E(y|\omega_{t+n})-E(y|\omega_{\text{before}}) \tag{7-5}$$

但每一期虚拟变量的系数并不是我们需要的平均处理效应 ATT，ATT 应为

$$\begin{aligned}ATT_{t+n}&=E(y|\omega_{t+n})-E(y|\omega_t)\\&=E(y|\omega_{t+n})-E(y|\omega_{\text{before}})-[E(y|\omega_t)-E(y|\omega_{\text{before}})]\\&=\beta_{t+n}-\beta_t\end{aligned} \tag{7-6}$$

又由于在中央环保督察冲击前的总处理效应为 0，则有

$$\begin{aligned}&ATT_{t-4}+ATT_{t-3}+ATT_{t-2}+ATT_{t-1}\\&=(\beta_{t-4}-\beta_t)+(\beta_{t-3}-\beta_t)+(\beta_{t-2}-\beta_t)+(\beta_{t-1}-\beta_t)=0\end{aligned} \tag{7-7}$$

因此$\beta_t=(\beta_{t-4}+\beta_{t-3}+\beta_{t-2}+\beta_{t-1})/4$。综上，各期的平均处理效应 ATT 等于各期虚拟变量的系数与处理前各期系数均值的差。

对可持续环保投入与可持续环境成本的检验结果如图 7-2 所示。在 $t-j$ 期虚拟变量的系数在 0 上下波动，波动幅度很小，这表明在中央环保督察组开展中央环保督察前环境成本没有明显变动趋势，但在督察组首轮入驻后企业的环境成本立即增长，可持续环保投入比次级环境成本的增长幅度

更大。结果表明：中央环保督察对企业环境成本不存在趋势效应，而存在水平效应，可以采用多期双重差分法进行分析。

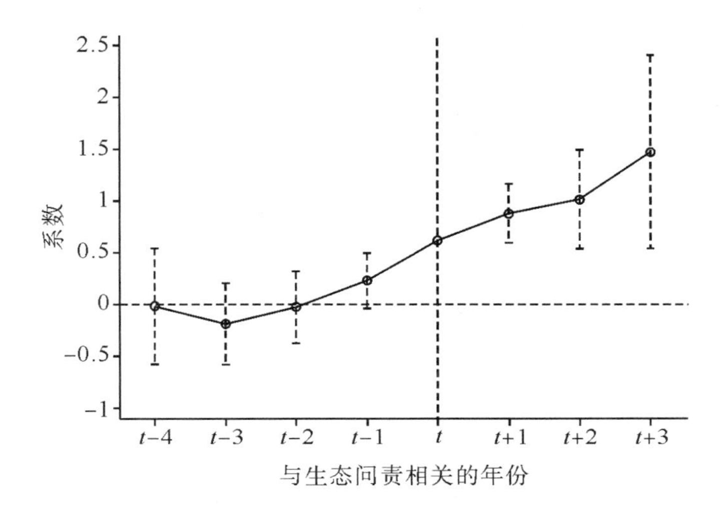


图 7-2　平行趋势检验：可持续环保投入

## 四、基本检验

根据 H1，按照式（7-1）的模型设定对上市公司可持续环境成本和中央环保督察的面板数据进行多期双重差分的固定效应模型检验，表 7-6 中第（1）列显示了具体检验结果。EA · After 的检验系数为 1.097，并在 10%的水平显著，这表明地区接受中央环保督察后当地公司的环保投资性行为投入增加，会显著增加后续的可持续环境成本。

此外，对中央环保督察的效力因素根据式（7-2）的模型进行进一步检验，结果列示于表 7-6 第（2）～（3）列。第（2）列结果显示，中央政治压力对企业的可持续环境成本有显著的正向作用，EcoAcc_poli · After 检验系数为 0.166 并通过了 10%水平的统计检验，地区受到来自中央的政治压力越大，公司支出的可持续环境成本越多，支持了 H2a。第（3）列结果显示了中央环保督察中环境规制强度对企业的可持续环境成本的影响。结果显示，EcoAcc_reg · After 的回归系数为 0.172 并通过了 5%水平的显著性检验，这表明中央环保督察中对环境规制强度要求越高的地区，公司支出的可持续环境成本越多，支持了 H2b。

**表 7-6　中央环保督察对可持续环境成本的影响**

| Dep. Var = EC_Sus | (1) | (2) | (3) |
| --- | --- | --- | --- |
| EA · After | 1.097*<br>(1.873) | – | – |
| EcoAcc_poli · After | – | 0.166*<br>(1.855) | – |
| EcoAcc_reg · After | – | – | 0.172**<br>(2.144) |
| LEV | 0.736<br>(0.459) | 0.726<br>(0.453) | 0.718<br>(0.448) |
| DTL | −0.031<br>(−1.451) | −0.031<br>(−1.437) | −0.031<br>(−1.464) |
| ROI | −0.000<br>(−0.524) | −0.000<br>(−0.526) | −0.000<br>(−0.542) |
| LROC | −0.418<br>(−1.095) | −0.420<br>(−1.101) | −0.415<br>(−1.087) |
| Ind | 0.023<br>(0.031) | 0.001<br>(0.001) | 0.003<br>(0.004) |
| Share | −0.015<br>(−0.372) | −0.015<br>(−0.372) | −0.015<br>(−0.387) |
| Year | Yes | Yes | Yes |
| Constant | 5.605***<br>(3.563) | 5.627***<br>(3.577) | 5.644***<br>(3.588) |
| Observations | 4 211 | 4 211 | 4 211 |
| R-squared | 0.340 | 0.340 | 0.340 |

注：括号内为 *T* 值；*、**、*** 分别表示 10%、5%、1% 水平显著。

# 第五节 稳健性检验

## 一、受限因变量的 Tobit 模型检验

### （一）模型构建

可持续环境成本数据虽然大致在正值上连续分布，但仍然包含一部分观察值为 0 的样本数据，即仍有部分公司可能由于当期表现良好或其他合理原因而未发生环境处罚，因此没有在当期产生环境成本。这部分样本虽然观察值为 0，但并非无意义的样本数据，不能随意剔除，否则会造成估计结果偏差。

因变量可持续环境成本的概率分布为由一个连续分布与一个离散点组成的混合分布（mixed distribution）。如果采用普通最小二乘法（OLS）进行估计可能无法获得一致估计量，因此本章考虑使用 Tobit 模型（Tobin，1958）对这类数据特征进行反映，左侧受限点为 0。综上，构建如下模型：

$$\mathrm{EC\_Sus}_{i,t}^{*} = \beta \mathrm{EA}_{i,p} \cdot \mathrm{After}_{p,t}' + \delta X_{p,t} + \lambda E_{i,t} + \mu_i + \varepsilon_{i,t}$$

$$\mathrm{EC\_Sus}_{i,t} = \begin{cases} \mathrm{EC\_Sus}_{i,t}^{*}, & \text{if } \mathrm{EC\_Sus}_{i,t}^{*} > 0 \\ 0 & \text{if } \mathrm{EC\_Sus}_{i,t}^{*} \leqslant 0 \end{cases} \tag{7-8}$$

式（7-8）中，$\mathrm{EC_Sus}_{i,t}$表示次级环境成本。当潜变量 $\mathrm{EC_Sus}_{i,t}^{*}$大于 0 时被解释变量 $\mathrm{EC_Sus}_{i,t}$等于 $\mathrm{EC_Sus}_{i,t}^{*}$本身，当潜变量 $\mathrm{EC_Sus}_{i,t}^{*}$小于或等于 0 时被解释变量 $\mathrm{EC_Sus}_{i,t}$等于 0。$\varepsilon$ 为随机扰动项。

Tobin 所提出的 Tobit 模型为受限因变量提供了估计方法，即可以使用最大似然估计对审查数据给出一致性估计结果。对于个体效应 $\mu_i$，如果其与解释变量 $\mathrm{EA}_{i,p} \cdot \mathrm{After}_{p,t}$相关则为固定效应模型（FE）；反之则为随机效应模型（RE）。由于本书使用的是面板数据，故可使用理论发展较为成熟

的面板 Tobit 混合效应模型以及面板 Tobit 随机效应模型；而对于面板数据的固定效应，Tobit 模型理论上无法找到$\mu_i$的充分统计量，不能进行条件最大似然估计，但可以尝试使用 Honoré（1992）提出的一种半参估计方法对面板数据的固定效应 Tobit 模型进行估计。这样在界面个体存在异方差的情况下也能得到一致估计量，无须假定残差的具体形式。本章将对随机效应、固定效应、混合效应的面板 Tobit 模型均进行检验，并通过检验结果判定采用哪种模型更为合适。

（二）检验结果

以上市公司次级环境成本为因变量，采用多期双重差分法进行回归分析，分别使用混合效应面板 Tobit 模型、随机效应面板 Tobit 模型、固定效应面板 Tobit 模型进行检验。结果见表 7-7 Panel A 部分。

Panel B 中模型检验结果显示，极大似然比值（LR 检验）明显拒绝了认为存在个体效应的原假设，即在混合效应面板 Tobit 模型与随机效应面板 Tobit 模型二者之间应选择随机效应面板 Tobit 模型。Hausman 检验没有拒绝随机效应模型（RE）与固定效应模型（FE）估计无差异的原假设，说明在固定效应面板 Tobit 模型与随机效应面板 Tobit 模型二者之间应选择随机效应面板 Tobit 模型。综上，我们选择随机效应面板 Tobit 模型作为检验方法。

从 Panel A 第（2）列估计结果来看，与被问责前相比，接受中央环保督察组入驻的地区，企业的次级环境成本明显增加，系数为 2.944 并通过了 5%的显著性检验，结果支持了 H1 的正确性，结论具有稳健性。

**表 7-7　中央环保督察对次级环境成本影响的面板 Tobit 模型**

| Panel A | | | |
|---|---|---|---|
| Dep. Var = EC_Sus | 混合效应面板 Tobit 模型 | 随机效应面板 Tobit 模型 | 固定效应面板 Tobit 模型 |
| | (1) | (2) | (3) |
| EA · After | 3.203** | 2.944** | 2.620*** |
| | (2.232) | (2.103) | (4.216) |

表7-7(续)

| Panel A | | | |
|---|---|---|---|
| Dep. Var = EC_Sus | 混合效应面板<br>Tobit 模型 | 随机效应面板<br>Tobit 模型 | 固定效应面板<br>Tobit 模型 |
| | (1) | (2) | (3) |
| LEV | 6.419***<br>(3.655) | 5.877***<br>(2.949) | 6.536***<br>(3.840) |
| DTL | -0.076<br>(-1.438) | -0.082<br>(-1.519) | -0.057<br>(-1.241) |
| ROI | -0.006<br>(-0.466) | -0.003<br>(-0.248) | -0.003<br>(-0.177) |
| LROC | -2.631<br>(-0.709) | -2.147<br>(-0.588) | -1.258<br>(-0.344) |
| Ind | 0.473<br>(1.311) | 0.507<br>(1.181) | 0.925***<br>(2.599) |
| Share | -0.060***<br>(-2.624) | -0.059**<br>(-2.178) | -0.072***<br>(-2.920) |
| Year | Yes | Yes | - |
| Constant | -6.823***<br>(-4.925) | -6.304***<br>(-4.238) | - |
| Observations | 4 211 | 4 211 | 4 211 |
| $p$ | 0.000 | 0.000 | 0.000 |
| - | $R^2$=0.046 | Wald $\chi^2$=37.22 | - |
| Panel B 模型选择判断 | | | |
| 随机效应 VS 混合效应 | Likelihood ratio test | $\bar{\chi}^2$= 99.04 | $P$=0.000 |
| 固定效应 VS 随机效应 | Hausman 检验 | $\chi^2$=2.77 | $P$=0.906 |

注：括号内为 $T$ 值；*、**、*** 分别表示 10%、5%、1% 水平显著。

## 二、对效力指标不同度量方法的检验

中央环保督察组在进行督查时，先进行官员约谈，后对部分官员进行问责。因此除了以被问责人数量衡量中央督察组督查施加的政治压力，还可以被约谈人数量进行替代解释，实证结果依然稳健。EA_talk 为地区 $p$ 被约谈官员数量取对数。表 7-8 中第（1）列结果显示 EA_talk · After 回归系数为 0. 158 且通过 10%水平的显著性检验。

此外，中央环保督察组接到环境举报案件以后，会进行核实督办、立案处罚甚至对相关违规人员进行行政或刑事拘留。因此对于环境规制强度的衡量，除了使用立案处罚数量以外，本书还选用了被拘留人数量作为替代变量，实证结果依然稳健。EA_deten 为地区 $p$ 被拘留人员数量取对数。表 7-8 中第（2）列结果显示 EA_deten · After 回归系数为 0. 343 且通过 1%水平的显著性检验。

**表 7-8　对效力指标不同度量方法的检验**

| Dep. Var = EC_Sus0 | （1） | （2） |
|---|---|---|
| EA_talk · After | 0. 158* <br>（1. 786） | - |
| EA_deten · After | - | 0. 343***<br>（2. 631） |
| LEV | 0. 710<br>（0. 442） | 0. 713<br>（0. 445） |
| DTL | -0. 031<br>（-1. 464） | -0. 032<br>（-1. 476） |
| ROI | -0. 000<br>（-0. 527） | -0. 000<br>（-0. 551） |
| LROC | -0. 420<br>（-1. 099） | -0. 406<br>（-1. 063） |
| Ind | 0. 004<br>（0. 006） | -0. 030<br>（-0. 039） |
| Share | -0. 015<br>（-0. 376） | -0. 016<br>（-0. 423） |
| Year | Yes | Yes |
| Constant | 5. 638***<br>（3. 583） | 5. 716***<br>（3. 634） |
| Observations | 4 211 | 4 211 |
| R-squared | 0. 340 | 0. 341 |

注：括号内为 $T$ 值；*、**、*** 分别表示 10%、5%、1% 水平显著。

## 三、考虑当期即时可持续环境成本数据

本书为了检验中央环保督察对上市公司后续环境行为的影响，考虑到政策效果的反映时间的延迟性，使用了滞后一期的可持续环境成本作为因变量，但对当期可持续环境成本的即期效果也应当进行验证。

表 7-9 列示了督察组入驻各省（区、市）当期上市公司可持续环境成本（EC_Suscur）作为因变量的回归结果。第（1）~（3）列结果显示在地区接受中央环保督察当期，上市公司并没有显著增加可持续环境成本，这表明中央环保督察对可持续环境成本的促进作用需要一定时间才能体现。可持续环保投入主要包含上市公司对环保进行的技术型、资产型长期投入，因此其计划与流程时间较长，相对于次级环境成本起效较慢，在督察当期的变动并不明显，而在督察后一期才开始显著增加。

表 7-9 因变量考虑当期可持续环境成本数据

| Dep. Var = EC_Suscur | （1） | （2） | （3） |
|---|---|---|---|
| EA · After | -0. 418<br>(-0. 729) | – | – |
| EcoAcc_poli · After | – | -0. 121<br>(-1. 382) | – |
| EcoAcc_reg · After | – | – | -0. 083<br>(-1. 059) |
| LEV | 1. 669<br>(1. 064) | 1. 680<br>(1. 071) | 1. 679<br>(1. 070) |
| DTL | -0. 013<br>(-0. 634) | -0. 013<br>(-0. 640) | -0. 013<br>(-0. 626) |
| ROI | 0. 000<br>(0. 079) | 0. 000<br>(0. 100) | 0. 000<br>(0. 093) |
| LROC | 0. 009<br>(0. 025) | 0. 010<br>(0. 026) | 0. 007<br>(0. 020) |
| Ind | 0. 496<br>(0. 670) | 0. 518<br>(0. 699) | 0. 508<br>(0. 685) |
| Share | -0. 035<br>(-0. 906) | -0. 034<br>(-0. 897) | -0. 034<br>(-0. 897) |

表7-9(续)

| Dep. Var = EC_Suscur | (1) | (2) | (3) |
|---|---|---|---|
| Year | Yes | Yes | Yes |
| Constant | 3.923**<br>(2.550) | 3.889**<br>(2.528) | 3.899**<br>(2.534) |
| Observations | 4 212 | 4 212 | 4 212 |
| R-squared | 0.335 | 0.336 | 0.335 |

注：括号内为 *T* 值；*、**、*** 分别表示 10%、5%、1% 水平显著。

## 第六节　进一步分析

在企业进行环境管制俘获的过程中，聘请具有政治背景的高管是一种常见的建立政商关系的手段，能够在一定程度上抵御企业经营中可能面临的政策风险。因此企业高管是否具有政治背景，在中央环保督察对企业经济行为的影响中可能会存在差异。

本书对样本公司当期是否聘请了具有政治背景的高管进行了整理，将现任或曾任县处级副职以上行政职务的高管认定为具有政治背景，并据此将样本公司分为有政治背景和无政治背景两个样本组进行组间差异检验。

表 7-10 第（1）列结果显示聘请了具有政治背景的高管的企业在中央环保督察的影响下可持续环境成本增加更多，EA · After 系数为 1.799 并通过 1%的显著性水平检验，而第（2）列结果中没有政治背景的样本组的可持续环境成本没有显著增加。组间系数差异检验也验证了两组之间存在显著的差异。

在中央政治压力与环境管制强度的影响下也存在高管政治背景的组间差异。第（3）列 EcoAcc_poli · After 系数为 0.304，并通过了 1%的显著性检验，而第（4）列相应检验系数并不显著，并且组间差异系数的 P_value

为 0.024，通过了显著性检验。

第（5）列 EcoAcc_reg · After 系数为 0.284，并通过了 1%的显著性检验，而第（6）列相应检验系数并不显著，并且组间差异系数的 P_value 为 0.030，通过了显著性检验。

结果表明聘请了具有政治背景的高管的企业比没有聘请具有政治背景的高管的企业可持续环境成本产生更多。政治联系或许能够为企业带来一定的政策资源倾斜，但在面对来自中央的监管时也需要投入更多的资源对环保政策进行响应。

**表 7-10　中央环保督察对可持续环境成本的影响：高管政治背景差异**

| Dep. Var = EC_Sus | 有背景 | 无背景 | 有背景 | 无背景 | 有背景 | 无背景 |
|---|---|---|---|---|---|---|
| | (1) | (2) | (3) | (4) | (5) | (6) |
| EA · After | 1.799***<br>(3.202) | 0.163<br>(0.256) | – | – | – | – |
| EcoAcc_poli · After | – | – | 0.304***<br>(3.360) | 0.016<br>(0.169) | – | – |
| EcoAcc_reg · After | – | – | – | – | 0.284***<br>(3.481) | 0.036<br>(0.424) |
| LEV | 1.204<br>(0.607) | 0.495<br>(0.242) | 1.152<br>(0.582) | 0.498<br>(0.244) | 1.163<br>(0.587) | 0.494<br>(0.241) |
| DTL | -0.020<br>(-0.602) | -0.034<br>(-1.452) | -0.019<br>(-0.587) | -0.034<br>(-1.451) | -0.021<br>(-0.637) | -0.034<br>(-1.453) |
| ROI | -0.000<br>(-1.477) | -0.000<br>(-0.162) | -0.000<br>(-1.498) | -0.000<br>(-0.159) | -0.000<br>(-1.531) | -0.000<br>(-0.167) |
| LROC | -0.214<br>(-0.080) | -0.389<br>(-1.128) | -0.382<br>(-0.144) | -0.389<br>(-1.129) | -0.207<br>(-0.078) | -0.388<br>(-1.125) |
| Ind | -0.308<br>(-0.354) | 0.412<br>(0.393) | -0.357<br>(-0.411) | 0.408<br>(0.390) | -0.335<br>(-0.385) | 0.409<br>(0.390) |
| Share | -0.059<br>(-1.273) | 0.042<br>(0.811) | -0.059<br>(-1.281) | 0.042<br>(0.812) | -0.059<br>(-1.284) | 0.042<br>(0.806) |
| Year | Yes | Yes | Yes | Yes | Yes | Yes |
| Constant | 0.109<br>(0.305) | -1.096<br>(-1.348) | 0.115<br>(0.327) | -1.121<br>(-1.387) | 0.148<br>(0.419) | -1.059<br>(-1.311) |
| Observations | 2 153 | 2 058 | 2 153 | 2 058 | 2 153 | 2 058 |

表7-10(续)

| Dep. Var = EC_Sus | 有背景 | 无背景 | 有背景 | 无背景 | 有背景 | 无背景 |
| --- | --- | --- | --- | --- | --- | --- |
| | (1) | (2) | (3) | (4) | (5) | (6) |
| R-squared | 0.013 | 0.005 | 0.013 | 0.005 | 0.014 | 0.005 |
| P_value | 0.043** | 0.024** | 0.030** | | | |

注：括号内为*T*值。*、**、*** 分别表示 10%、5%、1% 水平显著。P_value 用于检验组间系数 EA·After、EcoAcc_poli·After、EcoAcc_reg·After 的差异显著性，采用似无相关模型（seemingly unrelated regression）进行检验，由于无法直接将该方法应用于面板数据模型，因此本书先手动剔除个体效应，再进行 OLS 分组估计，而后执行组间系数检验。

## 第七节　本章小结

本章检验了中央环保督察对企业可持续环境成本决策的影响。研究发现，在经历中央环保督察之后，企业可持续环保投入会显著增加。对中央环保督察过程中的有效因素分析后发现，中央政治压力会显著促使企业增加下一期的可持续环境成本，中央环保督察中对环境规制强度要求越高的地区，公司支出的可持续环境成本越多。结果显示，环境规制的影响要强于中央政治压力的影响。

针对问责当期数据进行检验时，在地区接受中央环保督察当期，上市公司并没有显著增加可持续环境成本，这表明中央环保督察对可持续环境成本的促进作用需要一定时间才能体现。可持续环保投入主要包含上市公司对环保进行的技术型、资产型长期投入，因此其计划与流程时间较长，相对于次级环境成本起效较慢，在被督察当期的变动并不明显，而在督察后一期才开始显现。

针对公司高管是否具有政治背景的研究发现，聘请了具有政治背景的高管的企业在中央环保督察的影响下企业可持续环境成本增加更多。企业的高管队伍是否具有政治背景，在中央环保督察对次级环境成本与可持续环境成本的影响中表现出显著的差异性。企业高管的政治背景能够为企业减少一部分次级环境成本，但同时也会使企业投入更多可持续环境成本。可能因为具有一定政治背景的企业虽然在面对严格的管制时会得到一些政策倾斜，能够减少一些环保罚款或强制性收费，但面对政府的环境治理要求时往往也会更加主动地进行配合，增加更多能够改善未来环境的可持续性投入，以求形成一个政企长期互利的局面。

# 第八章　研究总结、启示与建议

中国在实现初期经济积累后，诸多资源与环境的挑战开始凸显，环境治理已成为另一种“新常态”。生态环境具有明显的公共物品属性，要处理因企业理性经济人特性而产生的公共问题，几乎不可能通过转变其逐利偏好而实现，只能通过制度变革、管理创新等方式使其以谋利为动机来解决公共问题，从而维护生态环境。

企业承担环保责任时还存在一个不容忽视的“劣币驱逐良币”现象。在绝大多数企业忽视其环境负外部性时，少数具备环保意识的企业无疑承担了较多的责任，这种“吃亏”进一步削弱了“良”企业的环保动机，因此企业的环保行为还取决于其所在的整体社会环境的约束。从总的根源上看，在现代工业文明的整体结构中，需要长期重点解决的其实是政府、企业、公众的意识形态问题。政府提供刚性环境将道德监督转变为法治监督；企业不单逐“经济利”还要逐“生态利”；民众思潮的发展以及社会第三方非营利组织的兴起，都能够强有力地为自然发声，并形成专业、正式的队伍制定相关协议、规范，指导环境管理与环境成本的应用。

据此，本书提出以下研究结论、建议与展望。

## 第一节 研究结论

本书主要探讨中央环保督察背景下，被督察地区的企业受到中央政治压力与环境规制的双重影响，通过观察在此影响下企业的市场反应、政治资源、环境成本变化探索生态环境治理体制的微观效用路径。

第一，本书讨论了中央环保督察对环境违规信息在资本市场的有效性的影响，分析了中央环保督察后资本市场对环保问题的强烈反应。本书通过事件研究与计量分析发现中央环保督察在资本市场发挥了有效作用，公司所在地区经历中央环保督察前发生的环境违规事件对公司市值没有显著影响，而在经历中央环保督察后公告的环境违规事件会使公司异常收益率显著降低。中央环保督察使中国资本市场开始重视公司环境违规风险。以往大量研究是基于2015年之前的样本数据，得出环境信息在中国资本市场无效的结论。而自2015年起，中国开始逐步建立中央环保督察制度，并成立中央环保督察组对全国各省（区、市）开展督察巡视，以前所未有的重视程度和执行力改变了环境信息的风险含量，使环境信息由“非绝对价值相关信息”变为“绝对价值相关信息”。进一步研究发现中央环保督察中环境规制越强、受到中央政治压力越大的地区，环境违规信息对公司累计异常收益率产生的负面影响越大。此外，以往政商关系对企业环境问题的市场保护作用会受到中央环保督察中中央政治压力的冲击。

第二，本书以企业获得的政府补助资源为切入点，检验了中央环保督察下政治压力与执法强度对政商关系的影响，并进一步分析其影响因素。实证检验发现中央环保督察会矫正地方的政商关系，地方政府在发放政府补助时会更加谨慎，其中政治压力的作用强于环境规制执法强度的作用。具体到政府补助的细分，中央环保督察会使地方政府发放的软约束类补助显著减少，对硬约束类补助没有显著影响，同时还使得环保创新用途以外的补助显著减少。进一步研究表明，企业政治联系中的产权性质会影响中央环保督察效力，国有企业呈现免于中央环保督察影响的检验结果。因聘用具有政治背景的高管建立政治联系而获得的财税补贴在中央环保督察下却难以保持。同时地方对企业的财税依赖度也对中央环保督察效力有显著影响，财税贡献大的企业能够抵消中央环保督察对政商关系的影响。此外，在污染治理投资结构相对非优的地区，中央环保督察对政府补助的影响显著，体现了中央环保督察提升政府补助使用效率、调整地方资源配置的作用。

第三，本书从环境成本行为角度探讨了中央环保督察对企业经济后果的影响，并将环境成本分为次级环境成本以及可持续环境成本分别展开分析。具体而言，对次级环境成本的研究发现：中央环保督察与企业次级环境成本呈显著正相关关系，表明中央环保督察会显著增加企业的环保罚款、环保税、排污费、污染治理支出等费用化类环境成本。在中央环保督察中环境规制力度与地方受到的中央政治压力越大，越能促进当地企业增加次级环境成本，两者均有正向显著影响。进一步分析发现地区的环境治理保障水平越高，中央环保督察对当地上市公司的次级环境成本影响越大。在面对中央环保督察时，相比聘请具有政治背景的高管的企业，没有聘请具有政治背景的高管的企业的次级环境成本增加更多。环境管制强度对企业次级环境成本的影响在是否具有政治背景的高管的两组样本间存在显著性差异。但中央政治压力对企业次级环境成本的影响在是否具有政治背景的高管的两组样本间不存在显著性差异。

对可持续环境成本的研究发现：中央环保督察与企业可持续环境成本呈显著正相关关系，使企业提高了对环保技术开发、升级改善生产设备等方面的投入。在中央环保督察中环境规制力度与地方受到的中央政治压力越大，越能促进当地企业增加可持续环境成本，两者均有正向显著影响。

进一步针对公司高管是否具有政治背景的研究发现，聘请了具有政治背景的高管的企业在中央环保督察的影响下可持续环境成本增加更多。

企业的高管队伍是否具有政治背景，在中央环保督察对次级环境成本与可持续环境成本的影响中表现出极大的差异性。企业高管的政治背景能够为企业减少一部分次级环境成本，但同时也会使企业投入更多可持续环境成本。政治联系或许能够为企业带来一定的政策资源倾斜，但在面对来自中央的监管时也需要投入更多的资源对环保政策进行响应。可能因为具有一定政治背景的企业虽然在面对严格的管制时会得到一些政策倾斜，能够减少一些环保罚款或强制性收费，但面对政府的环境治理要求时往往也会更加主动地进行配合，增加更多能够改善未来环境的可持续性投入，以求形成一个政企长期互利的局面。

## 第二节　研究启示与对策建议

本书依据研究结论从宏观到微观层面提出以下政策建议与企业管理建议，为加强政府管理、提升企业发展能力提供参考。

### 一、政策建议

（1）强调生态问责机制的常态化，明确中央政府在生态文明建设中的指导作用，保障地方环境治理中的政府监管力度。

中央环保督察就是针对地方政府在环境治理方面的执政能力进行问责，强调政府在生态建设中的职能作用，增强与提高直接环境监管的执行力度与效率。其不仅强调对企业的环境管制，而且要求地方政府严格执法，地方政府施压、追责，迫使地方政府改变以往的管理模式与经济发展模式，逐步建设起可持续的环境友好型产业。在研究中央环保督察的具体效力时发现，中央政治压力与环境规制强度都具有显著效用，甚至有时中央政治压力的效力大于环境规制强度的效力，这表明环保政策由上到下的实施需要中央对地方政府施以必要的政治压力，如此才能提高政策执行效率，这也符合 Fahlquist（2009）关于责任归于政府可以提升效率的研究观点。生态问责需要常态化推进，不能紧一阵松一阵，中央环保督察需要纳入生态文明建设的日常管理中，要明确中央政府的领导指挥作用，保证环境管理的决心不动摇，保障地方环境管制的执行落实到位。

（2）鼓励建立“亲”“清”政商关系，完善法制体系，优化服务，细化政企交往规范。

中国经济发展方式的根本变革需要全面建立新型的“亲”“清”政商关系（侯方宇 等，2018），而官员政治生涯预期的改变与激励机制的重塑必然要求官员改变与企业的交往方式。在出现政企不当行为或地方监管机构监管不力的情况下，企业具有的政治联系可能会抵消应有的监管效果。因此单纯增加环境规制中对企业处罚的力度、加强地方监管方的权力，并不一定能保证生态保护的效果。生态问责系列制度的设计正是挤压了地方既得利益者合谋套利的空间，通过问责地方政府保证了环境监管方的权力使用正确。地方政府与企业发生一定的交往，有利于互相配合或合作。地方政府要及时回应企业的合理诉求，优化政务服务，但需要对政企关系以及往来的内容进行合理的约束，使公权力在阳光下健康地行使。

（3）完善环境管制，要求企业为环境破坏支付成本，企业不仅要让资源的投入“量”足，更要让资源的使用“效”高。

环境监管要求行为者为污染行为付费，但更重要的是如何通过监管避免或减少污染行为。企业先污染后治理、边排放边罚款的方式显然是低效的，会被动地产生环境成本，其主要目的在于补偿以前的环境损害，但企业支付的这部分环境成本并不一定能够确保其改变日后的污染行为。防微杜渐，慎终如始，生态保护应该从污染发生的起点开始预防，政府在监管时应当关注企业生产的全过程，无论从优惠政策上还是资源补助上都要引导企业进行可持续性成本的投入，避免政府持续收费、企业持续污染的模式。推进科技创新、实现清洁生产可以降低环境成本，而健全法制、加强监管的措施实际上就是促使环境成本内部化，实现“双赢”。“技术”与“动机”双管齐下才能切实推进生态维护工作。

## 二、管理建议

（1）企业重视环境信息风险，积极进行绿色经营，及时披露环境信息，避免市场遭受震荡而产生损失。

本书分析了中央环保督察对中国资本市场的作用，改变了环境信息的风险含量，使环境信息由“非绝对价值相关信息”变为“绝对价值相关信息”。因此在今后，企业的环境信息都将引起投资者的高度关注，企业要重视自主公开的环境信息与被动公开的环境处罚信息中所蕴含的市场风险，要主动披露企业进行的环保投入以及开展的环保行为，关注市场对企业的环保期待，优化企业经营模式，积极开展绿色经营，避免市场遭受震荡而产生损失。

（2）建立高质量发展的长远目标，认识资源的次级投入与可持续投入差异，积极创新。

本书讨论了环境成本的正当性，关注了环境成本的即期作用与未来效用。缴纳一次性的罚款、税费、补偿费用并不代表企业拥有了污染环境的权利，且从长期来看改善环境的效果有限。企业应当在生产的全过程对环境污染予以关注，只有关注环境成本确认的正当性才能更好地保证环保措施的有效性。因此提高生产技术，改进生产流程，才是企业环保投入应有的高效使用方式。企业要积极研发创新，努力减少给生态环境带来的负外部性，不断提高自身竞争力，避免政治不稳定带来的风险，更要避免因污染与产能落后而被淘汰。

（3）无论企业是具有原生政治背景还是自主建立了政治关系，都要进行自我合理约束，避免政治联系滥用。

本书讨论了上市公司原生政治背景中的所有权结构，以及主动聘请具有政治背景的高管而建立的政治联系，两者在面对中央环保督察中的中央政治压力的冲击时都难免受到一定的影响。与此同时，地方进入经济总量增量平缓时期，这使得地方政府以牺牲环境为代价换取的经济利益小于在中央环保督察下所面临的政治风险。企业依赖政治联系进行环境成本套利的模式必然不再可行，甚至企业面临的波动以及监管风险也会大大增加。企业与政府来往时应当合理约束自身行为，积极响应国家环境管制政策，避免政治联系的滥用。

### 三、研究局限与未来研究方向

生态文明建设时期，在中央环保督察的运动式监管下，地方政府与企业受到了前所未有的环保压力，政商关系与企业环境行为不可避免地发生改变。科学研究如何在习近平总书记“绿水青山就是金山银山”相关论述影响下纠正环境管制俘获，探寻企业高质量发展路径以及政商关系的转变过程，对政策的执行与优化具有重要的现实意义。

本书尝试在我国逐步建立生态问责机制的基础上，以中央环保督察系列行动为背景，从资本市场现象，到企业政治联系动机，再到企业环境成本行为，以不同的视角探讨环境管制俘获如何在生态问责制度创新中得到纠正。但不可否认的是，本书仍然存在着不足与疏漏之处，在此处进行解释与说明，可以帮助笔者明晰自我认知以便于后续研究的完善，也能向读者澄清本书的局限，避免读者对研究结论的过度解读。

（1）中央环保督察政策后的观察时期可能不足。2015 年我国才开始逐步建立生态问责制度，本书样本期间为 2013—2018 年，主要对 2015 年底至 2017 年底推进的首轮中央环保督察行动的结果进行研究。由于政策的推行需要时间进行反映，本书在研究企业环境成本行为时也同时采用了本期以及下一期的企业数据进行验证，并且撰写时2019年之后的部分宏观统计数据暂时还未公开，因此本研究选择的政策后观察期较短。

中央环保督察是一个需要常态化推进的创新制度，在首轮督察后还陆续开展了“回头看”行动、持续至今的第二轮中央环保督察等。因此应当在后续的研究中对环保督察行动的影响进行持续跟踪，以检验政策的长期效应。

（2）环境成本始终无法完全涵盖。尽管本书对次级环境成本以及可持续环境成本都进行了研究，内容包含损益类与资产类各项环境相关支出，但始终无法完全涵盖全部环境成本。首先是企业环境负外部性无法完全内部化，只能通过完善法律法规、合理设计量化方法等手段尽量使污染行为者承担污染成本。其次是即便本书已尽量将上市公司披露的相关环境成本按管理费用、开发费用等一级会计科目进行归集、识别，但仍无法避免会有部分环境成本因未在财务报表或其他公告中披露而被忽略。这部分隐形的环境成本或许在公司进行账务处理时便被以一般管理费用等概括性科目的名目登记入账，如果在项目明细中不予以说明便无法对其进行识别，对于这部分环境成本只能依赖健全法律法规或公司主动完善报表明细。

中国在实现初期经济积累后，诸多资源与环境的挑战开始凸显，环境治理已成为另一种“新常态”。推进科技创新、实现清洁生产可以降低环境成本，而健全法制、加强监管实际上就是促使环境成本内部化的过程。“技术”与“动机”双管齐下才能切实推进生态维护。在新媒体时代，对事实的掩盖无疑会产生更大的危机，因此不仅要解决环境成本追踪计量的技术与动机问题，更要实现企业全面、透明的信息披露。近年来生态环境相关话题愈发成为舆论热点，极易被用来打击竞争对手等。可持续发展会计和报告能够通过管理组织的声誉和战略来控制声誉风险（Hogan et al.，2011），但在非财务绩效报告体系中面临的一大挑战就是缺乏一套被广泛接受的强制性标准（Eccles et al.，2015）。实现环境成本信息的统一、有效披露，也逐步成为未来环境成本追踪理论研究的重要发展方向。

（3）无论研究经济发展还是环境保护，都需要在全球一体化的背景下进行考虑。中央环保督察制度具有鲜明的中国特色，可以为全球环境治理提供参考。但在不同的国家背景下也存在着不同的政治问责制度，以及与防止环境管制俘获相关的策略，它们同样值得进行比较与研究。将研究视野由国内转向国际，在研究中比较不同制度差异的影响，也能够得到有价值的结论，并且能够促进互相学习、交流与制度完善，为我国进一步优化生态文明建设战略提供更多的参考依据。

# 参考文献


毕睿罡，王钦云，2019. 政企合谋视角下的环境治理：基于官员考核标准变化的准自然实验 [J]. 当代经济科学，41 (4)：62-75.

步丹璐，黄杰，2013. 企业寻租与政府的利益输送：基于京东方的案例分析 [J]. 中国工业经济 (6)：135-147.

步丹璐，王晓艳，2014. 政府补助、软约束与薪酬差距 [J]. 南开管理评论，17 (2)：23-33.

步丹璐，张晨宇，王晓艳，2019. 补助初衷与配置效率 [J]. 会计研究 (7)：68-74.

陈开军，杨倜龙，李鋆，2020. 上市公司信息披露对公司股价影响的实证研究：以环境信息披露为例 [J]. 金融监管研究 (5)：48-65.

陈胜蓝，马慧，2018. 反腐败与审计定价 [J]. 会计研究 (6)：12-18.

迟铮，王佳元，2019. 环境规制、环境成本内部化与国外对华反生态倾销 [J]. 宏观经济研究 (11)：123-130，165.

范允奇，王文举，2010. 中国式财政分权下的地方财政支出偏好分析 [J]. 经济与管理研究 (7)：40-47.

方文彬，张金辉，张自卿，等，2014. 中国企业环境成本内容及特征分析 [J]. 社科纵横 (10)：31-33.

方颖，郭俊杰，2018. 中国环境信息披露政策是否有效：基于资本市场反应的研究［J］. 经济研究，53（10）：160-176.

冯巧根，2011. 从KD纸业公司看企业环境成本管理［J］. 会计研究，288（10）：88-95.

福斯特，张峰，2012. 生态马克思主义政治经济学：从自由资本主义到垄断阶段的发展［J］. 马克思主义研究（5）：97-104.

傅强，马青，Bayanjargal S，2016. 地方政府竞争与环境规制：基于区域开放的异质性研究［J］. 中国人口·资源与环境，26（3）：69-75.

干胜道，钟朝宏，2004. 国外环境管理会计发展综述［J］. 会计研究（10）：84-89.

郭道扬，1997. 绿色成本控制初探［J］. 财会月刊（5）：3-7.

郭晓梅，2003. 环境管理会计研究：将环境因素纳入管理决策中［M］. 厦门：厦门大学出版社.

何玉梅，罗巧，2018. 环境规制、技术创新与工业全要素生产率：对“强波特假说”的再检验［J］. 软科学，32（4）：20-25.

侯方宇，杨瑞龙，2018. 新型政商关系、产业政策与投资“潮涌现象”治理［J］. 中国工业经济，362（5）：63-80.

后青松，2015. 晋升锦标赛、市场一体化与企业研发创新研究［D］. 武汉：华中科技大学.

黄斌欢，杨浩勃，姚茂华，2015. 权力重构、社会生产与生态环境的协同治理［J］. 中国人口·资源与环境，25（2）：105-110.

吉利，苏朦，2016. 企业环境成本内部化动因：合规还是利益？来自重污染行业上市公司的经验证据［J］. 会计研究（11）：69-75，96.

贾明，向翼，张喆，2015. 政商关系的重构：商业腐败还是慈善献金［J］. 南开管理评论，18（5）：4-17.

蒋洪强，徐玖平，2004. 环境成本核算研究的进展［J］. 生态环境

(3)：429-433.

金宇超，靳庆鲁，宣扬，2016. “不作为”或“急于表现”：企业投资中的政治动机［J］. 经济研究（10）：126-139.

黎文靖，2007. 会计信息披露政府监管的经济后果：来自中国证券市场的经验证据［J］. 会计研究（8）：13-21，95.

李程伟，2009. 社会利益结构：政治控制研究的生态学视角［M］. 北京：中国政法大学出版社.

李国平，张文彬，2013. 地方政府环境保护激励模型设计：基于博弈和合谋的视角［J］. 中国地质大学学报（社会科学版），13（6）：40-45.

李健，杨蓓蓓，潘镇，2016. 政府补助、股权集中度与企业创新可持续性［J］. 中国软科学（6）：180-192.

李兆东，2015. 环境机会主义、问责需求和环境审计［J］. 审计与经济研究，30（2）：33-42.

丽丝，2002. 自然资源：分配、经济学与政策［M］. 蔡运龙，等译. 北京：商务印书馆.

梁平汉，高楠，2014. 人事变更、法制环境和地方环境污染［J］. 管理世界，249（6）：65-78.

刘倩，2014. 油气矿区环境成本内部化的障碍及对策［J］. 生产力研究（11）：86-88，105.

刘儒昞，王海滨，2017. 领导干部自然资源资产离任审计演化分析［J］. 审计研究（4）：32-38.

刘伟，2016. 在马克思主义与中国实践结合中发展中国特色社会主义政治经济学［J］. 经济研究（5）：4-13.

龙硕，胡军，2014. 政企合谋视角下的环境污染：理论与实证研究［J］. 财经研究，40（10）：131-144.

龙小宁，万威，2017. 环境规制、企业利润率与合规成本规模异质性

[J]. 中国工业经济(6):155-174.

马红,侯贵生,2018. 环保投入、融资约束与企业技术创新:基于长短期异质性影响的研究视角 [J]. 证券市场导报,313(8):14-21.

马歇尔,2017. 经济学原理 [M]. 廉运杰,译. 北京:华夏出版社.

马志娟,韦小泉,2014. 生态文明背景下政府环境责任审计与问责路径研究 [J]. 审计研究(6):16-22.

麦磊,2004. 环境成本分类的国际比较及启示 [J]. 财会月刊(21):51-52.

倪星,王锐,2018. 权责分立与基层避责:一种理论解释 [J]. 中国社会科学,269(5):117-136,207-208.

聂辉华,李金波,2007. 政企合谋与经济发展 [J]. 经济学(季刊),6(1):75-90.

潘越,戴亦一,李财喜,2009. 政治关联与财务困境公司的政府补助:来自中国 ST 公司的经验证据 [J]. 南开管理评论,12(5):6-17.

饶静,万良勇,2018. 政府补助、异质性与僵尸企业形成:基于 A 股上市公司的经验证据 [J]. 会计研究(3):3-11.

沈洪涛,周艳坤,2017. 环境执法监督与企业环境绩效:来自环保约谈的准自然实验证据 [J]. 南开管理评论,20(6):73-82.

石庆玲,郭峰,陈诗一,2016. 雾霾治理中的"政治性蓝天":来自中国地方"两会"的证据 [J]. 中国工业经济(5):40-56.

石意如,2018. 主体功能区生态预算问责体系的构建 [J]. 财会月刊(1):55-59.

苏昕,周升师,2019. 双重环境规制、政府补助对企业创新产出的影响及调节 [J]. 中国人口资源与环境,29(3):33-41.

孙伟增,罗党论,郑思齐,等,2014. 环保考核、地方官员晋升与环境治理:基于 2004—2009 年中国 86 个重点城市的经验证据 [J]. 清华大学学报（哲学社会科学版），29（4）：49-62，171.

唐国平，李龙会，吴德军，2013. 环境管制、行业属性与企业环保投资［J］. 会计研究（6）：83-89.

唐林霞，2015. 生态文明建设中的地方政府职能转变：结构调整与制度因应［J］. 行政论坛（5）：48-52.

万广华，吴一平，2012. 制度建设与反腐败成效：基于跨期腐败程度变化的研究［J］. 管理世界（4）：60-69.

汪劲，2014. 环境法学［M］. 北京：北京大学出版社.

王克敏，刘静，李晓溪，2017. 产业政策、政府支持与公司投资效率研究［J］. 管理世界（3）：113-124，145.

王克敏，杨国超，刘静，等，2015. IPO 资源争夺、政府补助与公司业绩研究［J］. 管理世界（9）：147-157.

王立彦，1998. 环境成本核算与环境会计体系［J］. 经济科学（6）：53-63.

王腾，严良，何建华，等，2017. 环境规制影响全要素能源效率的实证研究：基于波特假说的分解验证［J］. 中国环境科学，37（4）：1571-1578.

王晓燕，2012. 企业环境成本控制框架构建［J］. 财会通讯（1）：33-35.

王彦皓，2017. 政企合谋、环境规制与企业全要素生产率［J］. 经济理论与经济管理，36（11）：60-73.

王遥，李哲媛，2013. 我国股票市场的绿色有效性：基于2003—2012年环境事件市场反应的实证分析［J］. 财贸经济（2）：37-48.

王依，龚新宇，2018. 环保处罚事件对“两高”上市公司股价的影响分析［J］. 中国环境管理，10（2）：26-31.

吴红军，刘啟仁，吴世农，2017. 公司环保信息披露与融资约束［J］.

世界经济，40（5）：126-149.

吴卫星，2017. 我国超标排放污水行政罚款制度之检讨：从江苏高邮光明化工厂603元罚款事件切入［J］. 中国地质大学学报（社会科学版）(4)：51-60.

肖序，2007. 环境会计理论与实务研究［M］. 大连：东北财经大学出版社.

肖序，曾辉祥，李世辉，2017. 环境管理会计“物质流—价值流—组织”三维模型研究［J］. 会计研究（1）：15-22.

肖序，周志方，2005. 环境管理会计国际指南研究的最新进展［J］. 会计研究（9）：80-85.

解冰，康均心，2011. 反腐败刑事制度的科学构建［J］. 管理世界(3)：170-171.

徐博韬，王攀娜，2014. 地方国有企业环境成本管控失效研究：基于双环科技超标排污案例［J］. 会计之友（28）：28-32.

徐玖平，蒋洪强，2006. 制造型企业环境成本的核算与控制［M］. 北京：清华大学出版社.

徐瑜青，王燕祥，李超，2002. 环境成本计算方法研究：以火力发电厂为例［J］. 会计研究（3）：49-53.

许家林，王昌锐，2006. 论环境会计核算中的环境资产确认问题［J］. 会计研究（1）：25-29，93.

许松涛，万红艳，2011. 环境规制、政府支持与重污染行业的融资约束［J］. 统计与信息论坛，26（9）：77-83.

杨帆，卢周来，2010. 中国的“特殊利益集团”如何影响地方政府决策：以房地产利益集团为例［J］. 管理世界（6）：65-73，108.

余敏江，2011. 论生态治理中的中央与地方政府间利益协调［J］. 社会科学（9）：23-32.

余明桂，回雅甫，潘红波，2010. 政治联系、寻租与地方政府财政补贴有效性 [J]. 经济研究 (3)：65-77.

袁广达，2010. 基于环境会计信息视角下的企业环境风险评价与控制研究 [J]. 会计研究 (4)：34-41.

袁广达，2014. 我国工业行业生态环境成本补偿标准设计：基于环境损害成本的计量方法与会计处理 [J]. 会计研究 (8)：88-95，97.

袁凯华，李后建，2015. 政企合谋下的策略减排困境：来自工业废气层面的度量考察 [J]. 中国人口·资源与环境，25 (1)：134-141.

原毅军，谢荣辉，2016. 环境规制与工业绿色生产率增长：对“强波特假说”的再检验 [J]. 中国软科学 (7)：144-154.

张成，陆旸，郭路，2011. 环境规制强度和生产技术进步 [J]. 经济研究 (2)：113-124.

张凌云，齐晔，毛显强，等，2018. 从量考到质考：政府环保考核转型分析 [J]. 中国人口·资源与环境，28 (10)：108-114.

张敏，黄继承，2009. 政治关联、多元化与企业风险：来自我国证券市场的经验证据 [J]. 管理世界 (7)：156-164.

张贤明，杨楠，2018. 近三十年政治问责研究的新进展：基于国外文献的分析 [J]. 上海行政学院学报，19 (1)：104-111.

张晓盈，杨榛，2017. 政商关系与企业社会责任：相得益彰还是欲盖弥彰 [J]. 现代经济探讨 (12)：15-23.

张彦博，寇坡，张丹宁，等，2018. 企业污染减排过程中的政企合谋问题研究 [J]. 运筹与管理，27 (11)：184-192.

章辉美，邓子纲，2011. 基于政府、企业、社会三方动态博弈的企业社会责任分析 [J]. 系统工程，29 (6)：123-126.

周彬，2018. 部门利益、管制俘获和大部制改革：政府机构改革的背景、约束和逻辑 [J]. 河南大学学报 (社会科学版)，58 (6)：69-76.

周黎安，2007. 中国地方官员的晋升锦标赛模式研究［J］. 经济研究（7）：36-50.

周志方，肖序，2010. 国外环境财务会计发展评述［J］. 会计研究（1）：79-86，96.

朱学义，1999. 我国环境会计初探［J］. 会计研究（4）：26-30.

ALLACKER K，DE NOCKER L，2012. An approach for calculating the environmental external costs of the Belgian building sector［J］. Journal of industrial ecology，16（5）：710-721.

AMBEC S，CORIA J，2021. The informational value of environmental taxes［J］. Journal of public economics，199：104439.

ANDREONI A，FRATTINI F，PRODI G，2017. Structural cycles and industrial policy alignment：the private-public nexus in the Emilian Packaging Valley［J］. Cambridge journal of economics，41（3）：881-904.

AROURI M E H，CAPORALE G M，RAULT C，et al.，2012. Environmental regulation and competitiveness：evidence from Romania［J］. Ecological economics，81：130-139.

BADRINATH S G，BOLSTER P J，1996. The role of market forces in EPA enforcement activity［J］. Journal of regulatory economics，10（2）：165-181.

BAGLIANI M，MARTINI F，2012. A joint implementation of ecological footprint methodology and cost accounting techniques for measuring environmental pressures at the company level［J］. Ecological indicators，16（6）：148-156.

BAILEY J B，THOMAS D W，2017. Regulating away competition：the effect of regulation on entrepreneurship and employment［J］. Journal of regulatory economics，52（3）：237-254.

BANSAL P，ROTH K，2000. Why companies go green：a model of ecological responsiveness [J]. Academy of management journal, 43 (4): 717-736.

BARLA P, 2007. ISO 14001 certification and environmental performance in Quebec's pulp and paper industry [J]. Journal of environmental economics and management, 53 (3): 291-306.

BEAMS F A, FERTIG P E, 1971. Pollution control through social cost conversion [J]. Journal of accountancy, 132 (5): 37-42.

BECK T, LEVINE R, LEVKOV A, 2010. Big bad banks? The winners and losers from bank deregulation in the United States [J]. The journal of finance, 65 (5): 1637-1667.

BENHABIB J, PRZEWORSKI A, 2010. Economic growth under political accountability [J]. International journal of economic theory, 6 (1): 77-95.

BERGH J C J M, 2010. Externality or sustainability economics? [J]. Ecological economics, 69 (11): 2047-2052.

BIERER A, GÖTZE U, MEYNERTS L, et al., 2015. Integrating life cycle costing and life cycle assessment using extended material flow cost accounting [J]. Journal of cleaner production, 108: 1289-1301.

BIROL E, KOUNDOURI P, KOUNTOURIS Y, 2010. Assessing the economic viability of alternative water resources in water-scarce regions: combining economic valuation, cost-benefit analysis and discounting [J]. Ecological economics, 69 (4): 839-847.

BITHAS K, 2011. Sustainability and externalities: Is the internalization of externalities a sufficient condition for sustainability? [J]. Ecological economics, 70 (10): 1703-1706.

BOEHMER E, MASUMECI J, POULSEN A B, 1991. Event-study methodology under conditions of event-induced variance [J]. Journal of financial economics, 30 (2): 253-272.

BRACCO E, REVELLI F, 2018. Concurrent elections and political accountability: evidence from Italian local elections [J]. Journal of economic behavior & organization, 148: 135-149.

BRUIJN T J N M, HOFMAN P S, 2000. Pollution prevention and industrial transformation evoking structural changes within companies [J]. Journal of cleaner production, 8 (3): 215-223.

BURNETT R D, HANSEN D R, 2008. Ecoefficiency: defining a role for environmental cost management [J]. Accounting, organizations and society, 33 (6): 551-581.

BURRITT R L, 2004. Environmental management accounting: roadblocks on the way to the green and pleasant land [J]. Business strategy and the environment, 13 (1): 13-32.

BURRITT R L, SAKA C, 2006. Environmental management accounting applications and eco-efficiency: case studies from Japan [J]. Journal of cleaner production, 14 (14): 1262-1275.

BURRITT R L, WELCH S, 1997. Accountability for environmental performance of the Australian commonwealth public sector [J]. Accounting auditing & accountability journal, 10 (4): 532-561.

BUSHNELL J B, CHONG H, MANSUR E T, 2013. Profiting from regulation: evidence from the European carbon market [J]. American economic journal economic policy, 5 (4): 78-106.

CAI X, ZHU B, ZHANG H, et al., 2020. Can direct environmental regulation promote green technology innovation in heavily polluting industries? Evidence from Chinese listed companies [J]. Science of the total environment, 746: 140810.

CALLANDER S, DAVIN R, 2017. Durable policy, political accountability, and active waste [J]. Quarterly journal of political science, 12 (1): 59-97.

CHAABANE A, RAMUDHIN A, PAQUET M, 2012. Design of sustainable supply chains under the emission trading scheme [J]. International journal of production economics, 135 (1): 37-49.

CHANG E C C, HILL S J, 2010. Legislative malfeasance and political accountability [J]. World politics, 62 (2): 177-220.

CHEN Y, JIN G Z, KUMAR N, et al., 2013. The promise of Beijing: evaluating the impact of the 2008 Olympic Games on air quality [J]. Journal of environmental economics & management, 66 (3): 424-443.

CHENG H W, HU X M, ZHOU R, 2019. How firms select environmental behaviours in China: the framework of environmental motivations and performance [J]. Journal of cleaner production, 208: 132-141.

CHRIST K L, BURRITT R L, 2015. Material flow cost accounting: a review and agenda for future research [J]. Journal of cleaner production, 108: 1378-1389.

CHRIST K L, BURRITT R L, 2016. ISO 14051: a new era for MFCA implementation and research [J]. Revista De Contabilidad, 19 (1): 1-9.

CIROTH A, 2009. Cost data quality considerations for eco-efficiency measures [J]. Ecological economics, 68 (6): 1583-1590.

CLARKSON P M, RICHARDSON G D, 2004. The market valuation of environmental capital expenditures by pulp and paper companies [J]. Accounting review, 79 (2): 329-353.

CUPERUS R, CANTERS K J, PIEPERS A A G, 1996. Ecological compensation of the impacts of a road. Preliminary method for the A50 road link

(Eindhoven-Oss, The Netherlands) [J]. Ecological engineering, 7 (4): 327-349.

DAMANIA R, FREDRIKSSON P G, LIST J A, 2003. Trade liberalization, corruption, and environmental policy formation: theory and evidence [J]. Journal of environmental economics and management, 46 (3): 490-512.

DASGUPTA S, HONG J H, LAPLANTE B, et al., 2006. Disclosure of environmental violations and stock market in the Republic of Korea [J]. Ecological economics, 58 (4): 759-777.

DASGUPTA S, LAPLANTE B, MAMINGI N, 2001. Pollution and capital markets in developing countries [J]. Journal of environmental economics and management, 42 (3): 310-335.

DEY P K, PETRIDIS N E, PETRIDIS K, et al., 2018. Environmental management and corporate social responsibility practices of small and medium-sized enterprises [J]. Journal of cleaner production, 195: 687-702.

DI VITA G, 2009. Legal families and environmental protection: Is there a causal relationship? [J]. Journal of policy modeling, 31 (5): 694-707.

DITZ D W, RANGANATHAN J, BANKS R D, et al., 1995. Green ledgers: case studies in corporate environmental accounting [J]. Management Accounting (2): 72-72.

DRUCKMAN A, BRADLEY P, PAPATHANASOPOULOU E, et al., 2008. Measuring progress towards carbon reduction in the UK [J]. Ecological economics, 66 (4): 594-604.

ECCLES R G, KRZUS M P, RIBOT S, 2015. Meaning and momentum in the integrated reporting movement [J]. Journal of applied corporate finance, 27 (2): 8-17.

ECKARDT S, 2008. Political accountability, fiscal conditions and local government performance: cross-sectional evidence from Indonesia [J]. Public administration and development, 28 (1): 1-17.

EIADAT Y, KELLY A, ROCHE F, et al., 2008. Green and competitive? An empirical test of the mediating role of environmental innovation strategy [J]. Journal of world business, 43 (2): 131-145.

FAHLEN E, AHLGREN E O, 2010. Accounting for external costs in a study of a Swedish district-heating system-an assessment of environmental policies [J]. Energy policy, 38 (9): 4909-4920.

FAHLQUIST J N, 2009. Moral responsibility for environmental problems-individual or institutional? [J]. Journal of agricultural and environmental ethics, 22 (2): 109-124.

FAMA E F, FRENCH K R, 1993. Common risk factors in the returns on stocks and bonds [J]. Journal of financial economics, 33 (1): 3-56.

FAN J P H, WONG T J, ZHANG T, 2007. Politically connected CEOs, corporate governance, and Post-IPO performance of China's newly partially privatized firms [J]. Journal of financial economics, 84 (2): 330-357.

FENG T, CAI D, WANG D, et al., 2016. Environmental management systems and financial performance: the joint effect of switching cost and competitive intensity [J]. Journal of cleaner production, 113: 781-791.

FLORIDA R, ATLAS M, CLINE M, 2001. What makes companies green? Organizational and geographic factors in the adoption of environmental practices [J]. Economic geography, 77 (3): 209-224.

FORD J A, STEEN J, VERREYNNE M L, 2014. How environmental regulations affect innovation in the Australian oil and gas industry: going beyond the Porter Hypothesis [J]. Journal of cleaner production, 84: 204-213.

FOULON J, LANOIE P, LAPLANTE B T, 2002. Incentives for pollution control: regulation or information? [J]. Journal of environmental economics and management, 44 (1): 169-187.

FOX J, SHOTTS K W, 2009. Delegates or trustees? A theory of political accountability [J]. The journal of politics, 71 (4): 1225-1237.

FRANCO C, MARIN G, 2017. The effect of within-sector, upstream and downstream environmental taxes on innovation and productivity [J]. Environmental and resource economics, 66 (2): 261-291.

FREDRIKSSON P G, SVENSSON J, 2003. Political instability, corruption and policy formation: the case of environmental policy [J]. Journal of public economics, 87 (7/8): 1383-1405.

GASTINEAU P, TAUGOURDEAU E, 2014. Compensating for environmental damages [J]. Ecological economics, 97 (3): 150-161.

GHANEM D, ZHANG J, 2014. "Effortless Perfection": Do Chinese cities manipulate air pollution data? [J]. Journal of environmental economics & management, 68 (2): 203-225.

GLAZYRINA I, GLAZYRIN V, VINNICHENKO S, 2006. The polluter pays principle and potential conflicts in society [J]. Ecological economics, 59 (3): 324-330.

GOLICIC S L, SMITH C D, 2013. A meta-analysis of environmentally sustainable supply chain management practices and firm performance [J]. Journal of supply chain management, 49 (2): 78-95.

GONZÁLEZ-BENITO J, GONZÁLEZ-BENITO Ó, 2005. Environmental proactivity and business performance: an empirical analysis [J]. Omega, 33 (1): 1-15.

GRAY R, 1992. Accounting and environmentalism: an exploration of the challenge of gently accounting for accountability, transparency and sustainability

[J]. Accounting, organizations and society, 17 (5): 399-425.

GRAY W B, DEILY M E, 1996. Compliance and enforcement: air pollution regulation in the U.S. steel industry [J]. Journal of environmental economics and management, 31 (1): 96-111.

GRAY W B, SHADBEGIAN R J, 1998. Environmental regulation, investment timing, and technology choice [J]. The journal of industrial economics, 46 (2): 235-256.

GUPTA S, GOLDAR B, 2005. Do stock markets penalize environment-unfriendly behaviour? Evidence from India [J]. Ecological economics, 52 (1): 81-95.

HAO Y, DENG Y, LU Z N, et al., 2018. Is environmental regulation effective in China? Evidence from city-level panel data [J]. Journal of cleaner production, 188: 966-976.

HART S L, DOWELL G, 2010. Invited editorial: a natural resource-based view of the firm: fifteen years after [J]. Journal of management, 37 (5): 1464-1479.

HATTORI K, 2017. Optimal combination of innovation and environmental policies under technology licensing [J]. Economic modelling, 64: 601-609.

HELLMAN J S, JONES G, KAUFMANN D, 2003. Seize the state, seize the day: state capture and influence in transition economies [J]. Policy research working paper, 31 (4): 751-773.

HENRI J F, BOIRAL O, ROY M J, 2014. The tracking of environmental costs: motivations and impacts [J]. European accounting review, 23 (4): 647-669.

HENRI J F, BOIRAL O, ROY M J, 2016. Strategic cost management and performance: the case of environmental costs [J]. The British accounting review, 48 (2): 269-282.

HENRI J F, JOURNEAULT M, 2010. Eco-control: the influence of management control systems on environmental and economic performance [J]. Accounting, organizations and society, 35 (1): 63-80.

HOGAN J, LODHIA S, 2011. Sustainability reporting and reputation risk management: an Australian case study [J]. International journal of accounting & information management, 19 (3): 267-287.

HONORÉ B E, 1992. Trimmed lad and least squares estimation of truncated and censored regression models with fixed effects [J]. Econometrica, 60 (3): 533-565.

HORVÁTHOVÁ E, 2010. Does environmental performance affect financial performance? A meta-analysis [J]. Ecological economics, 70 (1): 52-59.

HULT G T M, KETCHEN D J, GRIFFITH D A, et al., 2008. An assessment of the measurement of performance in international business research [J]. Journal of international business studies, 39 (6): 1064-1080.

JAFFE A B, PALMER K, 1997. Environmental regulation and innovation: a panel data study [J]. Review of economics and statistics, 79 (4): 610-619.

JASCH C, 2003. The use of environmental management accounting (EMA) for identifying environmental costs [J]. Journal of cleaner production, 11 (6): 667-676.

JIANG K, LU X , 2011. Environmental regulation and technological innovation: based on the panel data of China from the year of 1997 to 2007 [J]. Science research management (7): 60-66.

JIN H, QIAN Y, WEINGAST B R, 2005. Regional decentralization and fiscal incentives: federalism, Chinese style [J]. Journal of public economics,

89 (9): 1719-1742.

JOSHI S., KRISHNAN R, LAVE L, 2001. Estimating the hidden costs of environmental regulation [J]. The accounting review, 76 (2): 171-198.

KLEMETSEN M E, BYE B, RAKNERUD A, 2018. Can direct regulations spur innovations in environmental technologies? A study on firm-level patenting [J]. The Scandinavian journal of economics, 120 (2): 338-371.

KOLARI J W, PYNNÖNEN S, 2010. Event study testing with cross-sectional correlation of abnormal returns [J]. Review of financial studies, 23 (11): 3996-4025.

KONAR S, COHEN M A, 1997. Information as regulation: the effect of community right to know laws on toxic emissions [J]. Journal of environmental economics and management, 32 (1): 109-124.

KONAR S, COHEN M A, 2001. Does the market value environmental performance? [J]. Review of economics and statistics, 83 (2): 281-289.

LANGPAP C, 2007. Pollution abatement with limited enforcement power and citizen suits [J]. Journal of regulatory economics, 31 (1): 57-81.

LEI P, HUANG Q, HE D, 2017. Determinants and welfare of the environmental regulatory stringency before and after regulatory capture [J]. Journal of cleaner production, 166: 107-113.

LETMATHE P, DOOST R K, 2000. Environmental cost accounting and auditing [J]. Managerial auditing journal, 15 (8): 424-431.

LIU L, ZHANG B, BI J, 2012. Reforming China's multi-level environmental governance: lessons from the 11th Five-Year Plan [J]. Environmental science & policy, 21: 106-111.

LO K, 2015. How authoritarian is the environmental governance of China? [J]. Environmental science & policy, 54: 152-159.

LOPEZ-GAMERO M D, MOLINA-AZORIN J F, CLAVER-CORTES E, 2009. The whole relationship between environmental variables and firm performance: competitive advantage and firm resources as mediator variables [J]. Journal of environmental management, 90 (10): 3110-3121.

LÓPEZ R, MITRA S, 2000. Corruption, pollution, and the Kuznets Environment Curve [J]. Journal of environmental economics and management, 40 (2): 137-150.

LÜ Y, MA Z, ZHANG L, et al., 2013. Redlines for the greening of China [J]. Environmental science & policy, 33: 346-353.

LUCAS M T, NOORDEWIER T G, 2016. Environmental management practices and firm financial performance: the moderating effect of industry pollution-related factors [J]. International journal of production economics, 175: 24-34.

LUPPI B, PARISI F, RAJAGOPALAN S, 2012. The rise and fall of the polluter-pays principle in developing countries [J]. International review of law and economics, 32 (1): 135-144.

MCWILLIAMS A, SIEGEL D, 2000. Corporate social responsibility and financial performance: correlation or misspecification? [J]. Strategic management journal, 21 (5): 603-609.

MELNYK S A, SROUFE R P, CALANTONE R, 2003. Assessing the impact of environmental management systems on corporate and environmental performance [J]. Journal of operations management, 21 (3): 329-351.

MENGUC B, OZANNE L K, 2005. Challenges of the "green imperative": a natural resource-based approach to the environmental orientation-business performance relationship [J]. Journal of business research, 58 (4): 430-438.

MONCRIEFFE J M, 1998. Reconceptualizing political accountability [J].

International political science review, 19 (4): 387-406.

MONTERO J P, 2002. Permits, standards, and technology innovation [J]. Journal of environmental economics and management, 44 (1): 23-44.

MONTGOMERY W D, 1972. Markets in licenses and efficient pollution control programs [J]. Journal of economic theory, 5 (3): 395-418.

MULGAN R, 2002. "Accountability": an ever-expanding concept? [J]. Public administration, 78: 555-573.

NAKAO Y, AMANO A, MATSUMURA K, et al., 2007. Relationship between environmental performance and financial performance: an empirical analysis of Japanese corporations [J]. Business strategy and the environment, 16 (2): 106-118.

NUTLEY S, LEVITT R, SOLESBURY W, et al., 2012. Scrutinizing performance: how assessors reach judgements about public services [J]. Public administration, 90 (4): 869-885.

PANG R, ZHENG D, SHI M, et al., 2019. Pollute first, control later? Exploring the economic threshold of effective environmental regulation in China's context [J]. Journal of environmental management, 248: 109275.

PAPANDREOU ANDREAS A, 2003. Externality, convexity and institutions [J]. Economics & philosophy, 19 (2): 281-309.

PARKER L D, 1997. Accounting for environmental strategy: cost management, control and performance evaluation [J]. Asia-Pacific journal of accounting, 4 (2): 145-173.

PATTEN D M, 2002. The relation between environmental performance and environmental disclosure: a research note [J]. Accounting, organizations and society, 27 (8): 763-773.

PELTZMAN S, 1976. Toward a more general theory of regulation [J]. The journal of law and economics, 19 (2): 211-240.

PENG Z S, ZHANG Y L, SHI G M, et al., 2019. Cost and effectiveness of emissions trading considering exchange rates based on an agent-based model analysis [J]. Journal of cleaner production, 219: 75-85.

PIZZINI M J, 2006. The relation between cost-system design, managers' evaluations of the relevance and usefulness of cost data, and financial performance: an empirical study of US hospitals [J]. Accounting, organizations and society, 31 (2): 179-210.

PORTER M E, LINDE C, 1995. Green and competitive: ending the stalemate [J]. Harvard business review, 73: 120-134.

QIAN Y Y, ROLAND G, 1998. Federalism and the soft budget constraint [J]. The American economic review, 88 (5): 1143-1162.

RAMANATHAN R, RAMANATHAN U, BENTLEY Y, 2018. The debate on flexibility of environmental regulations, innovation capabilities and financial performance-a novel use of DEA [J]. Omega, 75: 131-138.

ROMZEK B S, DUBNICK M J, 1987. Accountability in the public sector: lessons from the challenger tragedy [J]. Public administration review, 47 (3): 227-238.

ROTHSCHILD C, SCHEUER F, 2016. Optimal taxation with rent-seeking [J]. The review of economic studies, 83 (3): 1225-1262.

ROUGE L, 2019. Environmental policy instruments and the long-run management of a growing stock of pollutant [J]. Environmental modeling & assessment, 24 (1): 61-73.

RUSSO M V, FOUTS P A, 1997. A resource-based perspective on corporate environmental performance and profitability [J]. Academy of management journal, 40 (3): 534.

SAEED A, BELGHITAR Y, CLARK E, 2016. Do political connections affect firm performance? Evidence from a developing country [J]. Emerging markets finance and trade, 52 (8): 1876-1891.

SANDSTRÖM C, LINDAHL K B, STÉNS A, 2017. Comparing forest governance models [J]. Forest policy and economics, 77: 1-5.

SCHMIDT M, 2015. The interpretation and extension of Material Flow Cost Accounting (MFCA) in the context of environmental material flow analysis [J]. Journal of cleaner production, 108: 1310-1319.

SCHWARTZ M S, CARROLL A B, 2003. Corporate social responsibility: a three-domain approach [J]. Business ethics quarterly, 13 (4): 503-530.

SHAPIRO J, WALKER R, 2018. Why is pollution from US manufacturing declining? The roles of environmental regulation, productivity, and trade [J]. American economic review, 108 (12): 3814-3854.

SINDEN A, 2005. In defense of absolutes: combating the politics of power in environmental law [J]. Iowa law review, 90 (4): 1405-1511.

SINKIN C, WRIGHT C J, BURNETT R D, 2008. Eco-efficiency and firm value [J]. Journal of accounting and public policy, 27 (2): 167-176.

STIGLER G J, 1971. The theory of economic regulation [J]. The Bell journal of economics and management science, 2 (1): 3-21.

STRØM K, 2010. Delegation and accountability in parliamentary democracies [J]. European journal of political research, 37 (3): 261-289.

SULONG F, SULAIMAN M, NORHAYATI M A, 2015. Material Flow Cost Accounting (MFCA) enablers and barriers: the case of a Malaysian small and medium-sized enterprise (SME) [J]. Journal of cleaner production, 108: 1365-1374.

SWALLOW B, KALLESSOE M, IFTIKHAR U, et al., 2009. Compensation and rewards for environmental services in the developing world [J]. Ecology and society, 14 (2).

THEYEL G, 2000. Management practices for environmental innovation and performance [J]. International journal of operations & production management, 20 (2): 249-266.

TIAN M, XU G H, ZHANG L Z, 2019. Does environmental inspection led by central government undermine Chinese heavy-polluting firms' stock value? The buffer role of political connection [J]. Journal of cleaner production, 236: 117695.

TOBIN J, 1958. Estimation of relationships for limited dependent variables [J]. Econometrica, 26 (1): 24-36.

TULLOCK G, 1967. The welfare costs of tariffs, monopolies, and theft [J]. Economic inquiry, 5 (3): 224-232.

VARGAS A, SARMIENTO-ERAZO J P, DIAZ D, 2020. Has cost benefit analysis improved decisions in Colombia? Evidence from the environmental licensing process [J]. Ecological economics, 178: 106807.

VILLEGAS-PALACIO C, CORIA J, 2010. On the interaction between imperfect compliance and technology adoption: taxes versus tradable emissions permits [J]. Journal of regulatory economics, 38 (3): 274-291.

WAGNER M, 2005. How to reconcile environmental and economic performance to improve corporate sustainability: corporate environmental strategies in the European paper industry [J]. Journal of environmental management, 76 (2): 105-118.

WAGNER M, VAN PHU N, AZOMAHOU T, et al., 2002. The relationship between the environmental and economic performance of firms: an empirical analysis of the European paper industry [J]. Corporate social responsibility and environmental management, 9 (3): 133-146.

WILLIAMSON O E, 1976. Franchise bidding for natural monopolies - in general and with respect to CATV [J]. The Bell journal of economics, 7 (1): 73-104.

WISNER P S, EPSTEIN M J, BAGOZZI R P, 2006. Organizational antecedents and consequences of environmental performance [J]. Advances in environmental accounting & management, 3: 143-167.

XIE R H, YUAN Y J, HUANG J J, 2017. Different types of environmental regulations and heterogeneous influence on "green" productivity: evidence from China [J]. Ecological economics, 132: 104-112.

XU C, 2011. The fundamental institutions of China's reforms and development [J]. Journal of economic literature, 49 (4): 1076-1151.

XU X D, ZENG S X, TAM C M, 2012. Stock market's reaction to disclosure of environmental violations: evidence from China [J]. Journal of business ethics, 107 (2): 227-237.

YU B, SHEN C, 2020. Environmental regulation and industrial capacity utilization: an empirical study of China [J]. Journal of cleaner production, 246: 118986.

ZHU L, ZHAO Y C, 2015. A feasibility assessment of the application of the polluter-pays principle to ship-source pollution in Hong Kong [J]. Marine policy, 57, 36-44.

ZHU Q, SARKIS J, 2004. Relationships between operational practices and performance among early adopters of green supply chain management practices in Chinese manufacturing enterprises [J]. Journal of operations management, 22 (3): 265-289.